普通高等教育
艺术类"十二五"规划教材

休闲娱乐空间设计

+ 张大为 编著 +

RECREATION ROOM DESIGN

人民邮电出版社
北京

图书在版编目（CIP）数据

休闲娱乐空间设计 / 张大为编著. -- 北京 ：人民
邮电出版社，2015.9（2023.7重印）
　普通高等教育艺术类"十二五"规划教材
　ISBN 978-7-115-39442-2

Ⅰ．①休… Ⅱ．①张… Ⅲ．①文娱活动－文化建筑－
室内装饰设计－高等学校－教材 Ⅳ．①TU242.4

中国版本图书馆CIP数据核字(2015)第151114号

内 容 提 要

　　本书从休闲娱乐空间环境设计的基本原理着手，阐述了休闲娱乐空间环境设计的基本概念、思想理念及目的意义，全面地介绍了休闲娱乐空间环境设计理论及设计方法，具体地介绍了休闲娱乐空间环境设计的思考方法与设计程序，系统地介绍了歌舞类休闲娱乐空间、休闲餐饮空间、运动健身空间、文化娱乐空间的相关概念、经营种类、设计方法、实践应用等专业知识。全书穿插了国内外多种类型的设计实例，可利于读者分析和理解相关内容。在各章中均设有设计题目可供练习所需。本书将设计创意与经营理念相联系，设计方法与工程实践相结合，注重专业知识向设计技能的转化并突出个性化的创新意识培养，图文相辅相成利于思考理解。

　　本书为高等院校环境设计、艺术设计、室内设计及相关专业的教材，也可作为建筑学、装饰设计、产品设计、材料等多个专业工程技术人员的参考书。

◆ 编　著　张大为

　　责任编辑　刘　博

　　责任印制　沈　蓉　彭志环

◆ 人民邮电出版社出版发行　　北京市丰台区成寿寺路 11 号

　　邮编　100164　电子邮件　315@ptpress.com.cn

　　网址　https://www.ptpress.com.cn

　　涿州市殷润文化传播有限公司印刷

◆ 开本：787×1092　1/16

　　印张：11.75　　　　　　2015 年 9 月第 1 版

　　字数：256 千字　　　　2023 年 7 月河北第 11 次印刷

定价：54.00 元

读者服务热线：(010)81055256　印装质量热线：(010)81055316
反盗版热线：(010)81055315
广告经营许可证：京东市监广登字 20170147 号

前　言

在中国，高等教育的环境艺术设计专业的本科教学，从 20 世纪 80 年代中期开始得到发展并逐步走向成熟，至今已形成了比较完整的知识体系，并积累了丰富的教学经验。改革开放进程的不断深入，对现阶段高等教育的环境艺术设计教学也提出了顺应时代发展的新要求和新目标。

从根本上看，一本适用于培养学生设计能力的教材，应当注重思维方式和训练方法的讲授，同时还要强调举一反三的学习效果。教材必须是一个可供操作的文本、能够实施的纲要，具有教学参考用书的性质。教材的使用价值，在于如何实现将知识转化为技能的质的转变，使教材的功能从"阅读"发展为一种"启迪"，进而使学生接受到一种真正意义上的素质训练。

本书以休闲娱乐空间环境设计为主线，从与其相关的各个方面，充分体现了一切从实际需求出发的人性化设计理念。全书共分为五章，系统地介绍了休闲娱乐空间环境设计的基本理论与实践方法，其中第二章和第三章是全书的重点。第一章从认识论与方法论的角度，概括地讲述休闲娱乐空间环境设计的基本理论及思考方法；第二章较全面地介绍了人们对歌舞类休闲娱乐空间环境设计的认知方法，将有助于提高学习者分析与思考问题的综合能力；第三章从装饰工程设计的角度，由浅入深地讲述主题餐饮空间环境设计的相关要素、设计理念以及设计方法和基本步骤，并同时结合装饰工程的相关要求将理论与实践相结合；第四章与第五章分别为运动健身空间环境设计和文化娱乐空间环境设计，从丰富专业知识、拓展设计实践能力的角度，将装饰工程的设计艺术和施工技术紧密地联系在一起。相信本书的出版对休闲娱乐空间设计教学及教学交流能够有所襄助。在本书参考了大量的国内外有关文献资料，引用了一些装饰工程实例图片，特此一并向文献作者和图片所有权者表示由衷的感谢。

休闲娱乐空间环境设计内容繁杂、涵盖相关领域十分广泛，随着社会发展和认知更新，书中不妥之处在所难免，希望读者不吝赐教。

编者

2015 年 8 月于天津

目录 Contents

第一章
休闲娱乐空间环境设计概述

学习目标与基本要求

明确休闲娱乐空间的设计概况，了解学习休闲娱乐空间环境设计的重要性；了解休闲娱乐空间环境设计有关概念，及休闲娱乐空间的基本设计内容和认识方法；理解室内空间环境设计的人性化理念，以及空间与形式、照明、色彩、材质等方面的相互联系；掌握室内空间的构成方法，能够运用空间设计理论及有关知识，进行空间规划和设计布局。

学习内容的重点及难点

重点是了解休闲娱乐空间设计的重要性和单一空间与组合空间的处理手法；难点是把握休闲娱乐空间的设计意图和空间规划特点。

1.1　休闲娱乐空间环境设计的相关概念

休闲娱乐是人类永远的需求，尤其是随着人们闲暇时间和收入的增加，对休闲娱乐空间的需求将更加突出。

一、休闲娱乐业

休闲娱乐业是指为休闲娱乐活动提供场所和服务的行业。

休闲娱乐业主要包括：

（1）歌舞厅、演艺厅、迪厅、KTV、夜总会等歌舞类休闲娱乐场所；

（2）具有娱乐功能的酒吧、餐厅、咖啡厅、音乐茶座等休闲餐饮场所；

（3）游戏厅、游艺厅等休闲娱乐场所；

（4）游泳馆、台球厅、高尔夫球场、保龄球馆、旱冰场、桑拿浴室、保健按摩等运动健身场所；

（5）剧院、音乐厅、电影院、礼堂等演出、放映场所；

（6）为人们进行休闲娱乐活动提供服务的商业也可以称为休闲娱乐业；

（7）电影、音乐、电视、广播等大众媒体也可以列为休闲娱乐业的范畴。

二、休闲娱乐空间

休闲娱乐空间是人们在工作之余活动的场所，一般是指以营利为目的，并向公众开放，可满足消费者进行自娱自乐、聚会、用餐、欣赏表演、松弛身心和情感交流的空间。

三、休闲娱乐空间环境设计

休闲娱乐空间环境设计是指根据建筑物的使用性质、所处环境和相应标准，应用物质技术手段和设计原理，创造功能合理、舒适优美、满足人们物质和精神生活需要的活动。

四、休闲娱乐场所名词解释

目前，社会上休闲娱乐场所的招牌及名称很不规范，容易让人们形成概念上的混淆。从正确认识休闲娱乐空间环境装饰设计的基本内容与表现形式来讲，我们很有必要先来了解一下平时极易混淆或界定不清的名词与概念。

（一）KTV

KTV，从狭义的理解是提供卡拉 OK 影音设备与视唱空间的场所。从广义理解为集合卡拉 OK、慢摇、歌房、背景音乐，并提供酒水等服务的休闲娱乐场所。KTV 有两种经营模式：一是量贩式 KTV；二是商务 KTV。

1. 量贩式 KTV

量贩式 KTV 又称自助式 KTV，是一种由消费者自助购物、自点自唱的经营模式（见图 1–1）。

图 1–1　量贩式 KTV 小超市入口空间

2. 商务 KTV

商务 KTV 是为商务人员提供的兼顾娱乐和业务洽谈的活动场所。

（二）酒吧

酒吧是指提供啤酒、葡萄酒、洋酒、鸡尾酒等酒精类饮料的消费场所。其中，Bar 多指休闲娱乐类的酒吧，而 Pub 和 tavern 多指英式的以饮酒为主的酒吧。

（三）夜总会

夜总会是泛指各类夜生活的高级娱乐场所，一般有西式、中式及日式夜总会等表现形式。

1. 西式夜总会

在西式夜总会中，一般提供西式晚餐、跳舞场地、歌舞表演、话剧表演等休闲娱乐内容。

2. 中式夜总会

中式夜总会是从西式夜总会演变而成，一般提供中式晚餐或饮宴，有的也设舞池供客人跳舞。

3. 日式夜总会

日式夜总会与舞厅很相似，一般设有舞池，并有舞伴来陪伴客人跳舞及饮酒娱乐。

（四）俱乐部

俱乐部又称会所，是指具有某种相同兴趣和爱好的人们进行社会交际、文化娱乐等活动的团体或场所。

（五）娱乐总汇

娱乐总汇是夜总会、俱乐部、会员制沙龙等休闲娱乐设施的总称。

（六）保健按摩

保健按摩是指医疗专业人员运用按摩的手法，对人体神经体液的调整功能施以影响，从而达到消除疲劳、增强体质、健美防衰、延年益寿等目的（见图 1-2）。

图 1-2 保健按摩空间

五、休闲娱乐空间环境设计的基本种类

休闲娱乐空间设计的内容十分广泛，且某些休闲娱乐空间的功能设置又可相互重叠，单就休闲娱乐空间应如何分类而言，在目前也较难准确界定。

休闲娱乐空间环境装饰设计的基本种类，一般可分为歌舞休闲娱乐类、休闲餐饮类、运动健身类、文化娱乐类四种类型。其中，歌舞休闲娱乐类，如歌舞厅、KTV、夜总会等场所；休闲餐饮类，如餐厅、咖啡厅、酒吧、茶座等场所；运动健身类，如游泳馆、健身浴室、各类球场、健身馆等，同时还包括保健按摩、美容美发等场所；文化娱乐类，如电影院、剧院、音乐厅、俱乐部、网吧、棋牌室等场所。

1.2　休闲娱乐空间环境设计预备知识

从休闲娱乐空间环境设计的角度来看，空间的特征及其属性均可直接关乎物质与精神功能的综合体现。

一、空间的概念

空间是物质存在的广延性和伸张性的表现，任何物质都占有一定的空间。从空间的构建上来看，有的是真实存在的围合空间，也有的是属于心理上的虚空间，如讲台空间。

二、构成空间的基本要素

点、线、面、体是构成空间的最基本要素。在此，"点"可以是由一定数量的物体缩小后聚集成一个"点"；"线"可以是一定数量的物体按某一规律排列后形成的"线"；"面"可以是一定数量的物体共同组成的一个面积更大的"面"；"体"又可以是一定数量的物体共同构成的一个体积更大的"体"。因此，对于点、线、面、体的理解与解释，要根据空间规划和划分目的来决定。

三、室内空间与室外空间的区别

室内空间是由底界面、侧界面、顶界面共同围合而成的建筑内部空间。室外空间是由底界面、侧界面围合而成的外部空间。室内空间具有贴近性、人工性、局限性、确定性、封闭性和隔离性等特性。而室外空间则具有自然性、开放性、开敞性、模糊性和不确定性等特点。在室内设计中有时也会根据主题的需要，使室内空间具有室外的特点（见图1-3）。

图1-3　日本酒店的茶室空间

四、强调空间设计的人性化理念

在进行空间形态设计时，必须运用空间设计语言，准确把握空间的形象特征、功能要求及文化内涵。在室内环境装饰设计中的空间形状、形式、尺度、体量、位置、规律等都具有表象意义，或称其为空间表现的内涵（见图1-4）。

图1-4　酒吧空间中的形式语言

空间表现的内涵包括两个方面：一是有形的物质空间因素；二是无形的人文思想因素。对于有形的物质因素来讲，人们可以通过视觉及心理作用来获得；而对于隐含在空间之中无形的人文思想因素来说，则要通过人的联想和理解后才可获取。因此，在室内空间的设计中，必须满足相应人群的审美和文化需求层次。

五、空间的确立

室内设计是运用专业化的创造力来实现我们的美好愿望。空间的构建方式，包括利用水平实体和垂直实体两种方法来限定空间。现分别来做一下简要的介绍。

（一）水平实体限定空间

根据限定空间的水平实体所处位置不同，可分为利用底界面和顶界面两种情形来限定空间。当采用底界面或顶界面来限定空间时，就要使其能够从周围的界面中限定、显现出一个空间区域，并且这个区域必须在形式上比较特殊。如在餐饮空间中，可利用吊顶和地面的变化来确立就餐空间的使用范围（见图1-5）。

图1-5　西餐厅中的空间限定手法

（二）垂直实体限定空间

采用垂直实体来限定空间的形式多种多样，常见的垂直实体有墙体、立柱、隔断、家具、绿化等。利用垂直实体来限定空间，一般有线性实体和面实体两种限定空间的方法，现分述如下。

1. 垂直线性实体限定空间

由垂直线性实体所限定的空间与周围其他空间的关系具有流通性，在视觉上是可形成连续的影像，人的行为也不会受到阻隔。在生活中最常见的线性实体就是柱子。

2. 垂直面实体限定空间

由垂直面实体所限定空间的围合程度，应根据垂直隔面的个数、方位以及实体的高度等因素才能最终做出视觉上的判断。

（1）由单一垂直面所限定的空间，具有形成穿过感或分割空间体积的作用。

（2）组合成 L 形的垂直面，从 L 形的转角处，沿对角线向外延伸的方向可限定出一个空间范围。

（3）平行组合的垂直面，可限定它们之间的空间范围，所确立的空间具有强烈的方向感。

（4）在 U 形组合的垂直面所限定的空间中，夹在中间的面具有内向性，可成为视线的焦点。

（5）由口字形组合的垂直面所限定的空间，最典型、最完善，空间的内向性特征较强（见图 1-6）。

图 1-6　口字形的茶室空间

六、光线对空间的影响

光线是人们感知空间时必不可少的条件，是除了造型之外对空间产生较大影响的主要因素。对于室内空间来讲，光线可以由自然采光和人工照明两种方式来获取。

（一）自然光线

自然采光可对室内空间产生两个方面的影响：一方面是对空间气氛的影响；另一方面是对空间封闭性与开敞性产生的影响。

（二）人工光线

在夜晚或没有窗洞的室内空间中，人工照明是人们感知内部空间的必备条件。人工照明对室内空间感受的影响，大体上可分为以下两种情况。

（1）若将人工照明分布于室内的各个界面之内，且对转角处不产生影响时，室内空间感受会保持相对的完整性。

（2）若将人工照明分布在室内的转角处，光线会使相邻两个墙面之间产生全部或局部的分离感，室内空间的封闭感也将会被打破，并形成一种相对的开敞特征。如在顶棚与墙面交界处设置漫射光灯槽时，则会增加室内空间的高度感并削弱封闭感（见图1-7）。

图1-7 利用顶部漫射光削弱咖啡厅空间的封闭感

七、色彩与材质对空间的影响

在室内空间中通过色彩与材质的运用，可直接影响到人们对空间的整体感受。

（一）色彩对空间感受的影响

冷色和暖色会对空间距离产生一定的视觉进退感。暖色调的室内空间会看起来显得小一些；而冷色调的室内空间则会看起来要显得稍微大一些。

（二）材质对空间感受的影响

在室内空间中，材质与色彩一样，对室内空间的大小及视觉效果都会产生一定的影响。材质的纹理越细，表面越光洁，可让人产生空间扩大的感觉；反之，材质的纹理越大，表面越粗糙，室内空间看上去就会有缩小了的感觉（见图1-8）。

图1-8 酒吧餐厅中的材质运用

八、空间感受

在此所说的空间感受，是指人对空间性质的正常心理反应，而不包含空间的大小、形状和容量，以及颜色和质感等给人的直接视觉感受。在这种条件下，人们对空间性质的心理感受几乎是相似的，现可做出以下结论。

（一）窄而高的空间感受

窄而高的室内空间，可让人产生兴奋、自豪、崇高、向上的心理感受，如古典教堂空间。

（二）细而长的空间感受

细而长的室内空间，可使人产生深远、期待、寻求的感受，如大型 KTV 娱乐场所的走道空间。

（三）低而大的空间感受

低而大的室内空间，可让人产生广袤、开阔、博大的感受，如宴会厅、图书馆、博物馆等空间。

九、室内空间的基本类型

室内的空间分类方式有许多种，其每一种分类方法都是为了从某一角度来分析和研究空间，并使空间设计的问题更加清晰和趋于条理化。空间类型的分类方式包括以下五种。

（一）按空间的封闭与开敞程度分类

若按空间的封闭与开敞程度，可将室内空间分为封闭空间、半封闭空间、开敞空间三种基本类型。室内空间是由各界面围合而成的内部空间，应根据使用功能和空间形态等方面的需要，让人们在视觉上形成空间的逐步转换和延伸，从心理上增添室内空间的开敞感受。如利用隔断、屏风、玻璃墙体等来分隔空间，就是为了减弱室内空间给人们造成的封闭感（见图 1-9）。

图 1-9　发廊中的空间分隔方式减弱了封闭感

（二）按室内空间的内部形状特征分类

若按室内空间的内部形状特征，可将室内空间分为方形空间、圆形空间、锥形空间、不规则空间、复合空间、球形空间等几种类型。空间形象的艺术表现是一种图形语言，空间的几何形态就是图形语言的词汇。对于设计师而言，一定要准确理解这些几何形态所代表的空间内涵，这是进行设计表达的基本功。

（三）按室内面积的大小分类

从室内空间的面积大小来看，可将室内空间分为大空间和小空间两种类型。

在进行大空间的功能划分时，一要准确把握各区域的空间尺度，并能营造出一种心情愉悦的心理舒适感；二要明确空间的功能流程，合理安排好空间秩序。

（四）按室内空间功能的重要程度分类

若按室内空间功能的重要程度，可将室内空间分为主要空间、次要空间及辅助空间三种类型。如在舞厅空间中，歌舞表演区为主要空间，休闲区为次要空间，而服务区域则为辅助空间。

（五）按空间的组合形式分类

若按室内空间的组合形式，可将室内空间分为串联式空间、并联式空间、环绕式空间、流动式空间等基本的空间组合类型（见表1–1）。

表1–1　按空间的组合形式分类

内容组合形式		各单元空间组合示意图	应用特点
串联式	直线式		各单元空间随道路的行进逐一展开，具有"步移景异"的展示效果。交通联系空间与单元使用空间的界定是含混、不明显的，如展览馆的展示空间
	曲线式		
并联式	内廊式		内廊式布局可使两侧的房间获得较好采光，减少各房间之间的相互干扰，但走道一般较暗。采用并联式布局的娱乐空间，如保健按摩、俱乐部、咖啡厅、西餐厅等
	外廊式		
	两侧走道式		
环绕式			位于中央地带的主要空间，由各单元空间围合而成，是交通的枢纽，或使用功能的中心，可便于人流的集散。采用环绕式布局的娱乐空间，如俱乐部、舞厅等
流动式			在一个大空间中，各单元空间之间的分隔与界定是含混、模糊的，空间的交通流向是动态和开放的。采用流动式布局的娱乐空间，如游乐场所

十、使用功能决定空间形式

（一）使用功能与空间的关系

首先，不同的使用功能对空间的体量要求不同；其次，不同的使用功能对空间的形态要求也不一样，如休闲娱乐场所，应具有活泼、自由、舒适的空间特征。

（二）使用功能与空间组合形式之间的关系

根据休闲娱乐空间的使用功能及特点，宜采用环绕式空间组合的形式，或以大空间为中心的环绕式空间组合形式较为适合。采用环绕式空间组合的优点，是便于人流集散和减少环境间的相互干扰，较适用于 KTV、游戏厅等休闲娱乐场所。以大空间为中心的环绕式空间组合形式，较适用于剧院、电影院、音乐厅、体育馆等休闲娱乐场所。此外，对于大型的休闲餐饮空间来讲，还可以在一个大空间内，利用柱网作为空间分隔的依据来进行空间组合（见图 1-10）。

图 1-10　以柱网形成西餐厅的空间组合

十一、空间环境的构成要素在休闲娱乐空间设计中的运用

从理论上讲，构成空间环境的基本要素包括造型、色彩、光照、质感与肌理等，现分别来做一下简要介绍。

（一）造型的运用

造型给人的整体感受是源于视觉形象的含义，而这些含义可直接或间接地体现出整个空间形态的象征意义。如休闲娱乐场所中的家具、墙面、地面、顶面，以及空间形态等造型设计，都会体现出某种情感方面的心理暗示作用，并使客人达到身心上的最大满足。

（二）色彩的运用

在空间环境的情感表现方面，色彩的表现力要比造型更加直接和准确。由于鲜艳和对比强烈的色彩，能够使人产生愉悦和兴奋感。因此，在休闲娱乐环境中，更加强调对于色彩的夸张和心理暗示作用。

（三）光照的运用

在休闲娱乐空间中，更加强调光照对人的心理暗示作用及情绪的感召力。照明的颜色、布局及明暗变化频率等都是具有设计内涵的，这一点在进行照明设计时应给予充分重视（见图1–11）。

图1–11 酒吧空间的照明艺术体现

（四）质感与肌理的运用

在休闲娱乐空间中，对于质感与肌理的运用应符合使用功能和心理需要。如在台球空间中，要营造出一种安静和集中注意力的环境氛围（见图1–12）。

图1–12 台球厅空间的质感与肌理运用

十二、休闲娱乐空间的区域划分及处理要点

在休闲娱乐空间中，一般可分为迎宾、休息等候、休闲娱乐活动、饮品及食品操作、服务、设施与设备等功能区。现分别来做一下简要介绍。

（一）迎宾区

迎宾区一般位于休闲娱乐空间的出入口位置，设有迎接客人的礼仪台或服务台，以提供问询、办理、预定等相关服务。在迎宾区中，可采用光怪陆离的光影效果、激情充沛的背景音乐，以及极具动感的空间形式等，来引导客人逐渐进入到休闲娱乐空间的内部环境之中（见图 1-13）。

图 1-13　量贩式 KTV 空间迎宾服务台

（二）休息等候区

休息等候区主要是为客人提供等候功能而设置的暂缓休息区域，一般设有沙发、茶几及音响设备等。

（三）休闲娱乐活动区

休闲娱乐活动区有大厅式和包房式两种布局形式。在互动性较强的休闲娱乐空间中，一般将观众席围绕表演台设置，如歌舞厅空间。对于欣赏性较强的休闲娱乐空间，一般将观众席面对表演台设置，如电影院空间。以个人或小团体为单位来进行休闲娱乐的空间，通常采用隔间和包房的形式来设置座位，如网吧、KTV 包房等空间。

（四）饮品及食品操作区

饮品及食品操作区，一般由酒水吧、小型超市、零食部、小型厨房、操作间、水果房、配菜间，以及储藏室等组成。此外，还可设有自助餐服务区等。

（五）设施与设备区

大部分的休闲娱乐空间，都需配有相应的娱乐设施及设备，并且还要提供专门的使用空间，以供工作人员进行操作或调试。

十三、时代的发展与娱乐空间环境设计

休闲娱乐空间是工程技术与艺术相结合的产物，并呈现出由时代赋予的新理念和新风

尚。因此，休闲娱乐空间的室内环境装饰设计必须与时俱进，以发展的眼光来面向时代，只有这样才能不断满足人们对于物质和精神生活的新需要。

十四、休闲娱乐空间的基本设计原则

休闲娱乐空间必须具有鲜明的设计个性。在进行休闲娱乐空间的环境装饰设计时，必须遵循以下五项基本原则，现分别介绍如下。

（一）营造浓烈的娱乐气氛

必须在休闲娱乐空间中营造出一种特定的娱乐氛围，并将空间环境设计与人们的思想情绪、心理感受等紧密地结合起来，最大限度地满足人们的精神需求。

（二）用独特的风格和形式吸引消费者

呈现一种独特的装饰风格和布局形式是休闲娱乐空间设计的灵魂，一个风格与形式较为独特的个性化休闲娱乐空间，可让顾客有新奇之感，从而吸引顾客的兴趣并激发出参与欲望（见图 1-14）。

图 1-14　天幕幻影酒吧

（三）注重考虑娱乐活动的安全性

从休闲娱乐空间的人流动线组织与分布的安全性来讲，必须便于顾客的通行安全和紧急疏散。在装修材料的选择及施工方面，必须符合防火、防灾的规范要求。

（四）注意空间形态对视觉效果和听觉效果的影响

对于以视听娱乐为主要活动方式的休闲娱乐空间来讲，在营造空间气氛时，必须预先考虑空间形态对视觉和听觉效果的影响，要根据装饰材料的材质特性，合理选择空间的饰面材料，并做好声学方面的吸声、声扩散及声反射处理，以创造出最佳的听觉环境（见图 1-15）。

图 1-15 KTV 包房的墙面声学处理

（五）减少对周边环境的干扰

在有视听要求的休闲娱乐空间中，必须进行隔音处理，以防止对周边环境造成噪声干扰，噪声指数要符合国家相应噪声允许值的规定。在设有舞台灯光设备或霓虹灯的休闲娱乐空间中，其照明设施的设置应符合相应的法规，以防止对周边环境产生光污染。

1.3 休闲娱乐空间环境设计步骤

开展对室内装修现场及其周边环境的设计调查，是解决与处理一切实际问题的出发点和主要途径。当设计资料的收集、整理及分析结论相对确定后，便可按照基本规划、初步设计、深入设计、施工与监督，以及开业后的使用与维护五个阶段来完成设计的全过程。现简要介绍如下。

一、基本规划阶段

在明确了休闲娱乐空间的经营模式与特点、项目投资情况及业主要求的基础上，应根据经营特色和有关要求，进行主题思想、设计风格、消费群体、装修档次等几个方面的定位和基本规划。

休闲娱乐空间基本规划的主要内容，一般包括确定空间形象和整体规划两个方面的内容。其中，设计主题与表现风格、空间结构、空间主色调等是对空间形象的规划，如欧式复古酒吧的空间形象（见图 1-16），而空间布局安排与灯光照明、人流动线组织等则是对各功能区域进行的整体规划。

图 1-16　欧式复古酒吧

在基本规划思路的指导下，可对规划方案进行筛选、修改或调整，当从中选出切实可行的最佳方案时，便可进入初步设计阶段。

二、初步设计阶段

在基本规划的基础上，本阶段将开始进行空间规划的细分和初步设计，如绘制平面图、立面图、剖面图、顶平面图、照明和家具陈设图等图纸。

初步设计阶段就是设计师将自己的想法由意念抽象阶段，逐步转化为具体形象的一个非常重要的创造过程。通过初步设计阶段，可使方案设计得到不断深入、综合和简化。

在初步设计阶段，主要是集中强调整体空间的形态、色调、特征，以及环境亮度对比等视觉方面的表现问题，并以突出中心功能区的整体设计思路为重点内容（见图 1-17）。

图 1-17　咖啡厅空间整体设计

三、深入设计阶段

深入设计阶段的任务，是在完成初步设计的基础上，进行总体协调并绘制出室内环境装饰工程施工图纸。其图纸内容主要包括休闲娱乐空间中各部位的立面图、详细尺寸设计图、节点详图、大样图及门窗制安表等，同时还包括水、暖、电、空调、弱电系统等专业的施工图纸。

四、施工与监督阶段

在施工与监督阶段，设计师要做好装饰工程施工图的现场评估工作，对需要调整或补充的设计内容进行出图，同时还要依据图纸要求监督和指导施工。

五、开业后的使用与维护阶段

当装饰工程竣工并由业主方验收后，还要绘制一套完整的室内装饰工程竣工图，以备后期的维修、维护查阅之用。装饰工程的竣工和开业并不意味着设计过程的结束。设计师还应在开业之后继续检查一下需要日常维护的一些重点部位，如装修施工中的缺陷、设施保养与维护，以及在开业后出现的装修问题等。

1.4　休闲娱乐空间环境设计特点

休闲娱乐空间室内环境装饰设计与其他用途的空间设计相比，既有共同性也有特殊性。现将休闲娱乐空间室内环境装饰设计的主要特点做一下简要的讲解。

一、休闲娱乐空间环境设计特点

休闲娱乐空间室内环境装饰设计在主题确立、风格形式、空间形态、整体布局等方面均各具特点。同时由于休闲娱乐空间的使用性质和功能要求，还会涉及多种专业设施及设备，如音响、影视、舞台灯光等。因此，休闲娱乐空间室内环境装饰设计具有以下特点。

（一）设计手法灵活多变

（1）休闲娱乐空间在环境装饰设计上追求创新和独特性；
（2）休闲娱乐空间的布局形式可多种多样，且不落俗套；
（3）休闲娱乐空间的表现方法丰富多彩，并充分展现设计个性。

（二）与声、光、电等专业技术相结合

休闲娱乐空间的室内环境装饰设计，会涉及许多专业知识，如声学、光学、电学等。初学者要特别明确这一点，或在相关专业技术人员的指导下进行设计（见图 1-18）。

图1-18 音乐厅空间设计

二、休闲娱乐空间装饰材料的选用特点

从休闲娱乐空间的商业特点、功能要求及时尚需要等方面来看，休闲娱乐空间的表现主题与设计风格，会随着时尚文化的发展而进行改变或调整。因此，休闲娱乐空间装饰材料的选用具有以下特点。

（一）较少使用过于高档的装饰材料

由于休闲娱乐空间的室内装修使用周期相对较短，在进行空间设计时，应根据使用效果的需要，尽可能少用价格昂贵的装饰材料，以合理降低工程造价。

（二）关注新型装饰材料的使用

科学技术的发展和新型装饰材料的不断出现，也给休闲娱乐空间的环境装饰设计增添了新的表现形式和效果。在休闲娱乐空间设计中，应尽量使用能给人带来先进性和现代感的新型装饰材料。

（三）具有自然特征材料的运用

在休闲娱乐空间中，室内环境的装饰效果应当给人以轻松惬意的视觉感觉，尤其在酒吧、会所等空间的室内装饰设计中，通过选用具有自然特征的装饰材料，来营造环境气氛的设计手法已得到广泛应用，如选用天然砂岩、青岩板、锈石板、文化石，以及各种天然木材、竹枝、纤维墙纸、墙布等装饰材料。

（四）非常规装饰材料的选用

在休闲娱乐空间室内环境设计中，设计师经常会根据某种环境气氛的需要，通过巧思妙想，选用一些非常规的材料来进行空间的装饰和点缀，如选用鹅卵石、清水混凝土、旧报纸、染色的枯枝，以及废旧的车轮、管子、物品等材料（见图1-19）。

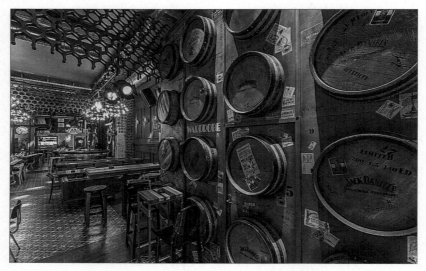

图 1-19　酒吧空间中非常规装饰材料的运用

三、休闲娱乐空间的现场设计相对较多

休闲娱乐空间室内环境装饰设计与其他类型的室内设计相比，其现场设计所占的比重相对较多。这是由于在休闲娱乐空间装饰工程的施工中，经常会出现一些从施工图纸上无法明确表达的设计造型、施工方法，以及现场作画等，这些工作都需要设计师进行现场设计或配合完成施工。

思考题与习题

1. 休闲娱乐业主要包括哪些场所？
2. 解释一下休闲娱乐空间的概念。
3. 解释一下夜总会的定义。
4. 俱乐部的概念是什么？
5. 简要叙述构成空间的基本要素有哪些，并结合实际应用举例说明。
6. 怎样理解必须强调空间设计的人性化理念？
7. 休闲娱乐空间的经营模式及服务项目的设置与消费者之间有何联系？
8. 试举出几种常见的空间形式，说一说这种空间构成给人的视觉及心理感受，然后再引申到某一休闲娱乐空间中的相关内容。例如，教室中的讲台空间，是利用地面的抬高来划分空间，可引申到剧场中的舞台空间设计等。
9. 举例说明色彩与材质对空间感受的影响结果。
10. 简要叙述人工光线对室内空间感受的影响和作用。
11. 简要叙述根据分类方式的不同，室内空间一般可划分为哪些基本类型？
12. 如何理解使用功能与空间组合形式之间的相互联系？
13. 简要叙述休闲娱乐空间的功能区域划分一般包括哪些基本内容。
14. 简要回答休闲娱乐空间的功能区域划分的要点。

15. 结合实际来谈一谈，休闲娱乐空间的基本设计原则是什么。
16. 从休闲娱乐空间室内环境装饰设计的整个工作过程来讲，在基本规划阶段应首先做好哪几方面的事情？
17. 简要叙述休闲娱乐空间室内环境设计的特点都包括哪些方面。
18. 简述休闲娱乐空间室内环境装饰设计的材料选用特点是什么。
19. 收集不同时期的休闲娱乐空间室内环境设计图片，看一看在设计风格方面有何变化。

第二章
歌舞类休闲娱乐空间环境设计

学习目标及基本要求

明确歌舞类休闲娱乐空间环境装饰设计概况，了解歌舞类休闲娱乐项目的基本表现形式及相关内容；理解不同的歌舞类休闲娱乐项目与消费群体之间的对应关系，以及空间形态、材料选用等与声学设计的相互联系；掌握舞厅、KTV 空间的基本概念、类型、功能划分和室内环境装饰设计要点，能够灵活运用环境艺术设计的相关理论知识分析和解决实际的设计问题。

学习内容的重点与难点

重点是歌舞类休闲娱乐空间环境装饰设计定位应因地制宜，根据各地区的人文特点、消费层次、消费者需求等方面，进行功能设置和设计风格的体现。难点是如何将室内空间的装饰设计与声学要求相结合。

2.1 对歌舞类休闲娱乐空间的认知

歌舞类休闲娱乐空间是指备有跳舞设施的，集个性化、灵活性及娱乐性为一体的娱乐场所，人们可在此进行狂欢、唱歌、饮酒，并以跳舞来助兴（见图 2-1）。如夜总会、休闲娱乐会所、慢摇吧、量贩式 KTV 等歌舞类娱乐空间。

图 2-1　歌舞厅空间

从设计的角度来讲,在进行歌舞类休闲娱乐空间设计时,应首先明确以下几个方面的内容。

一、不同地域的歌舞类休闲娱乐空间各具特点

不同地域的歌舞类休闲娱乐空间,在建筑形式、设计风格、功能需求、审美情趣,以及色彩的人为心理感受等方面都会各具特点。

二、对歌舞类休闲娱乐空间的功能组合应搭配合理

在歌舞类休闲娱乐空间的功能组合上,若将高级慢摇吧与夜总会搭配在一起,把平价的慢摇吧与量贩式 KTV 相结合等,都能起到客源的相互促进和互补作用。相反,若将不同的消费群体勉强地聚集到一起,则会产生相互排斥的作用,如把量贩式 KTV 与夜总会结合在一起,将休闲娱乐会所与迪斯科舞厅设置到一起等。

三、歌舞类休闲娱乐空间各有不同的对应消费群体

在进行歌舞类休闲娱乐空间设计时,对消费群体的准确定位是必备的先决条件。接下来就让我们了解一下,歌舞类休闲娱乐空间与各自所对应的消费群体及特征。

1. 夜总会的消费群体及特征

到夜总会光顾的消费群体主要为商务应酬或知已共聚的人们。夜总会是以豪华高档的装饰硬件加上体贴入微的服务软件为主要特征(见图 2-2)。

图 2-2　夜总会的套房空间

2. 休闲娱乐会所的消费群体及特征

休闲娱乐会所属于会员制经营模式,其消费群体非富即贵,并以私密性和安全感为主要特征。

3. 慢摇吧的消费群体及特征

慢摇吧的消费群体主要为时尚的白领阶层、年轻的公司主管等顾客,以风格独特的环

境气氛和不断变化的音乐及灯光效果为主要特征。

4. 迪斯科舞厅的休闲娱乐项目及消费群体特点

迪斯科舞厅的消费群体主要为年轻人，以注重舞厅灯光和音响效果的表现为主要特征。

5. 表演吧的休闲娱乐项目及消费群体特点

表演吧的消费群体主要为朋友聚会、饮酒消遣、情侣约会等客源，以听歌、观舞、饮酒、娱乐为主要特征（见图2-3）。

图2-3　表演吧空间

6. 表演厅的休闲娱乐项目及消费群体特点

表演厅的消费群体通常为家人、情侣或三五知己等客源，以观赏表演的休闲娱乐方式为主要特征。

7. 量贩式KTV的消费群体及特征

量贩式KTV的消费群体主要是以公司白领、工薪阶层、家庭成员、同学聚会、生日聚会等客源为主，在室内装饰设计方面以美观、实用、温馨为主要特征。

四、歌舞类休闲娱乐空间的设计差别

歌舞类休闲娱乐空间的各表现形式，在室内环境装饰设计上存在着一定的差别。

（一）功能布局的差别

1. 夜总会

夜总会的功能布局特点是以包房为主，走廊的设置路线应婉转曲折且四通八达，并使各包房之间都能形成多种路径，甚至可有迷失方向的趣味性。在包房的设置上，应设有普通型、豪华型、贵宾型等不同级别。夜总会的接待大厅，应是装饰设计的重点，在过长的通道上要设有小型的休息区或景观区，以给客人提供临时聊天、接听电话等事宜的空间（见图2-4）。

图 2-4　夜总会走道空间

2. 休闲娱乐会所

休闲娱乐会所的功能布局特点是以包房为主,并十分强调对客人私密性、安全性的保护。在包房的设置数量上通常不需太多,但功能配备要应有尽有,以充分满足客人的多方面需要。

3. 慢摇吧

慢摇吧的功能布局特点是以舞厅司仪台、领舞台及舞池作为全场的视觉中心和重点。为创造良好的视觉效果,应将整体空间的地面标高处理成前低后高的空间形式。

4. 迪斯科舞厅

迪斯科舞厅的功能布局与慢摇吧十分相似,它们的最大区别在于舞池面积要比慢摇吧大一些,并应为弹簧地面。

5. 表演吧

表演吧的功能布局特点是应将表演台设在全场的中心位置,且表演台和观演区的面积都不宜过大,以增强歌手与客人的互动气氛。为保证全场的视觉效果,表演吧的吧台宜设在全场的两侧位置(见图 2-5)。

图 2-5　表演吧的空间气氛

6. 表演厅

表演厅中的表演舞台是全场的视觉中心和焦点，可适当运用电动机械及现代科技，使表演舞台的形式能够灵活多变，让观众能够形成百看不厌的视觉感受。

7. 量贩式KTV

量贩式KTV空间的功能布局特点是以KTV包房为主，并要设有大、中、小型等KTV包房，以供客人选择。

（二）灯光气氛的差别

在歌舞类休闲娱乐空间中，灯光气氛的营造具有不可忽视的重要作用。

1. 夜总会与休闲娱乐会所

夜总会与休闲娱乐会所的灯光气氛要求基本相同，要通过灯光来营造出一种温馨、舒适、高雅的气氛。

2. 迪斯科舞厅与慢摇吧

迪斯科舞厅与慢摇吧的灯光气氛有些相似，但前者的照明要比后者更暗和偏冷一些，其虚幻迷离的灯光效果也要更多一些，以适应舞场中客人们的心理需求。

3. 表演厅和表演吧

整体照明以暖色的间接光源为主，舞台空间是全场灯光气氛的重点，并要使灯光效果不断地根据表演节目的需要进行变化，让客人置身于一个千变万化的灯光场景之中。

4. 量贩式KTV

KTV包房的灯光气氛应属于低照度的照明方式，一般对灯光的变化要求不大，能达到清晰、温馨、舒适的灯光效果即可。

（三）装饰风格的差别

在歌舞类休闲娱乐空间中，由于各消费群体的文化素质、年龄层次及身份特点等都有一定的差别，所以在装饰风格的需求与感受方面也会有所差别。现分别介绍如下。

1. 夜总会与休闲娱乐会所

装饰风格以体现高贵、稳重及简洁为主；装饰色彩的运用要求沉稳、大方、协调统一（见图2-6）。

图 2-6　休闲娱乐会所空间

2. 迪斯科舞厅与慢摇吧

迪斯科舞厅与慢摇吧，均以独特的创意和突出的个性化设计来赢得客人的青睐，应根据消费群体的不同需求来进行装饰风格的选择。

3. 表演厅与表演吧

表演厅和表演吧的装饰风格均要求整体统一、大方得体，并以突出表演区为主。

4. 量贩式 KTV

应根据主题思想来确定装饰风格，要求简洁实用、清新脱俗。

2.2　舞厅空间环境设计

舞厅空间的主要设施有舞池、演奏乐台、休息座、声光控制室等。在有些舞厅中，有时也会举行一些演唱、演奏和舞蹈等表演项目，通常将这类舞厅称为歌舞厅。

一、舞厅空间的基本类型

舞厅空间一般包括交谊舞厅、迪斯科舞厅、卡拉 OK 舞厅，以及多功能舞厅等休闲娱乐空间。现简要介绍如下。

（一）交谊舞厅

交谊舞厅主要为满足歌舞表演和演奏等娱乐活动而设置，一般都设有较大的舞池和宽松的休息座位区。交谊舞厅空间多为西式风格，且室内环境的装饰设计应端庄典雅、规整大方（见图 2-7）。

图 2-7 交谊舞厅空间

（二）迪斯科舞厅

迪斯科舞厅是通过播放唱片来提供伴舞音乐的休闲娱乐空间，其跳舞者也是音乐的欣赏者。

（三）卡拉 OK 舞厅

卡拉 OK 舞厅主要为满足表演和自娱自乐的需要，其装饰风格可与交谊舞厅或迪斯科舞厅相似。

（四）多功能舞厅

多功能舞厅常与会议室等兼用，应力求端庄得体、简洁大方（见图 2-8）。

图 2-8 多功能舞厅空间

二、舞厅空间的功能分区

舞厅室内空间的功能分区与布局，应根据舞厅空间的经营类型、休闲娱乐项目要求、消费群体需求，以及主题思想和风格表现等方面来进行设计。

在舞厅空间中，舞池区的面积约占总面积的20%，坐席区的面积约占总面积的45%，其他功能区约占总面积的35%。舞厅空间的功能分区一般可分成歌舞表演、休闲、服务、办公四个部分（见图2-9）。

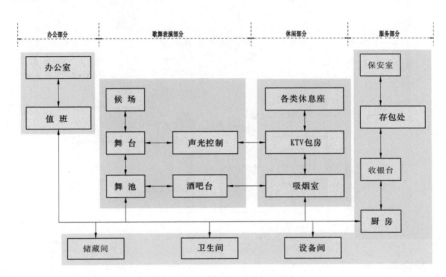

图 2-9 舞厅空间功能分析图

1. 歌舞表演部分

在歌舞表演区中，应设有演员候场、化妆间、舞台、舞池、声光控制室及酒吧台等功能区。

2. 休闲部分

在休闲区中，应设有各类休息座、KTV包间及吸烟室等功能区。

3. 服务部分

在服务区中，应设有保安室、存包处、收银台、厨房、卫生间、储藏间及设备间等功能区。

4. 办公部分

在办公区中，应设有办公室、值班室等功能区。

三、舞厅空间的功能布局

在舞厅空间的功能布局中，要优先考虑舞台和舞池的布局形式。因为舞台和舞池的位置，会决定或影响着其他各功能区的布局（见图2-10）。现对舞厅空间的功能布局做一下简要介绍。

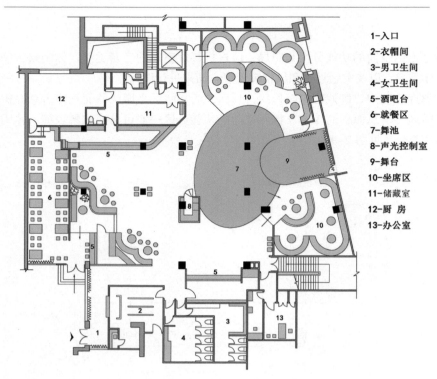

1—入口	
2—衣帽间	
3—男卫生间	
4—女卫生间	
5—酒吧台	
6—就餐区	
7—舞池	
8—声光控制室	
9—舞台	
10—坐席区	
11—储藏室	
12—厨　房	
13—办公室	

图 2-10　中型舞厅功能布局图

（一）舞台与舞池

舞台与舞池的位置应紧密相连，舞台的朝向和面积，决定了舞池的方位和大小。同时舞池的形状和大小，又会直接影响到休息区和服务区的布置形式。

1. 舞台与舞池的布局形式

舞台的基本形式一般有平台式、踏步式及伸缩式舞台等（见图 2-11）。

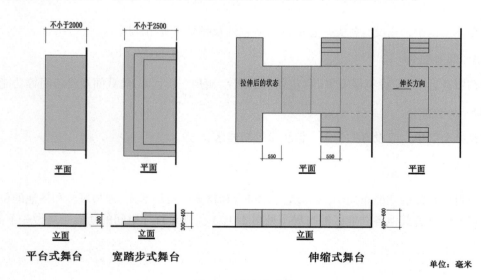

图 2-11　舞台的种类

　　舞台与舞池的布局通常有以下几种形式可供参考，现分别来做一下简要介绍（见图2–12）。

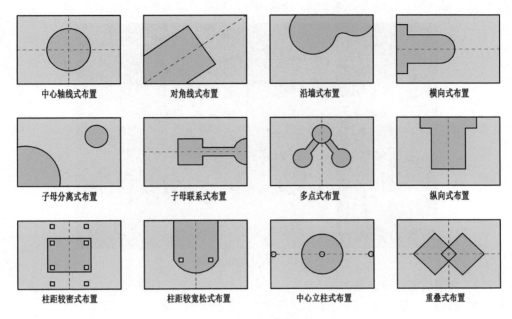

图 2–12　舞台与舞池的几种布置形式

　　（1）中心轴线式布置方法

　　中心轴线式的布置方法是以舞厅空间的中心轴线为对称轴，以舞台位置为中心，将舞池环绕舞台进行布置，较适合于以舞蹈表演、演唱为主的舞厅空间。

　　（2）对角线式布置方法

　　对角线式的布置方法是以舞厅空间的对角线为对称轴来设定舞台和舞池位置，可增强舞厅空间的动态感受。

　　（3）沿墙式布置方法

　　沿墙式的布置方法，就是将舞台与舞池均沿墙设置，并增加墙面的利用机会，如增设大型多媒体显示屏或主题背景墙等内容。

　　（4）横向式布置方法

　　横向式的布置方法是以舞厅空间的最长中心轴线为对称轴，来设定舞台和舞池位置的一种布局形式，既可增大舞池空间的进深感，又可突出舞台的观演地位。

　　（5）子母分离式布置方法

　　子母分离式的布置方法是将主舞台和副舞台分开设置，突出舞台的互动关系。

　　（6）子母联系式布置方法

　　子母联系式的布置方法是将主舞台和副舞台分开设置，并把副舞台设于舞池之中，从而提高舞台与舞池之间的互动效果。

　　（7）多点式布置方法

　　多点式的布置方法就是将舞台分成几个点位来进行设置，然后再利用通道连接成一体。这种布局形式可拉近表演者与娱乐者的距离感。

（8）纵向式布置方法

纵向式的布置方法是以舞厅的最短中心轴线为对称轴，来设定舞台与舞池位置。这种布局形式可适当削弱舞台的观演地位，使舞池的娱乐功能更加突出（见图2-13）。

图2-13　舞台与舞池的关系

（9）柱距较密式布置方法

柱距较密式的布置方法是当舞厅空间中柱间距较小时，在不妨碍舞池及舞台正常使用的情况下，来设定舞台和舞池位置的一种布局形式。

（10）柱距较宽松式布置方法

柱距较宽松式的布置方法是为了有效利用舞厅空间的使用面积，在不妨碍正常使用的情况下，用来设定舞台与舞池位置的一种布局形式。

（11）中心立柱式布置方法

中心立柱式的布置方法是为了有效利用原有建筑立柱而采取的一种舞台与舞池的布局方式。此时的舞池应环绕舞台来布置。这种布置方法多用于以表演、演唱为主的舞厅空间。

（12）重叠式布置方法

重叠式的布置方法是将主舞台与几个副舞台相互重叠设置的一种布局形式。这种布局形式可更加突出主舞台的观演地位。此时的舞池应环绕在舞台周围来布置，适合于以表演、演唱为主的舞厅空间。

2. 舞台与舞池的设计要点

（1）在舞厅空间中，舞池的面积可按休息座的总人数乘以0.4 ~ 0.8平方米计算。

（2）在迪斯科舞厅中舞池的最小面积，不得小于休息座位的总人数乘以0.4平方米。

（3）舞池上空的净高度应控制在3 500 ~ 5 000毫米之间。

（二）休息座

1. 休息座的布置形式

舞厅休息座的种类包括散座、车厢座、雅座以及吧台座等，休息座的布置形式如图2-14所示。

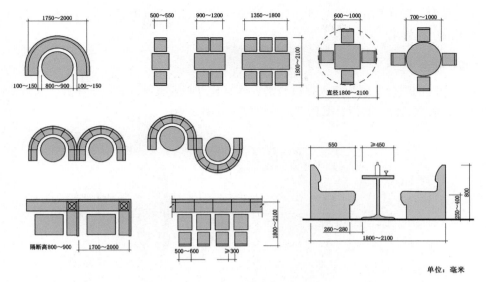

图 2-14 舞厅休息座布置形式

2. 舞厅休息座设计要点

（1）在通常情况下，舞厅空间休息座区与舞池的面积比例宜为 2 : 1。

（2）在舞厅空间中，每个休息座的席位面积约占用 1.1 ～ 1.7 平方米，休息座区的服务通道宽度均不得小于 750 毫米。

（3）在舞厅空间的休息座位区，应使各休息座单元之间具有一定的私密性，同时还要让休息的客人能够观赏到舞台和舞池的全貌。

（三）声光控制室

舞厅的声光控制室也称 DJ 室，是实时监控舞厅内音响和灯光效果的工作间。声光控制室的面积大小，应根据音控和光控设备的占地面积，以及调音师的操作范围来确定（见图 2-15）。

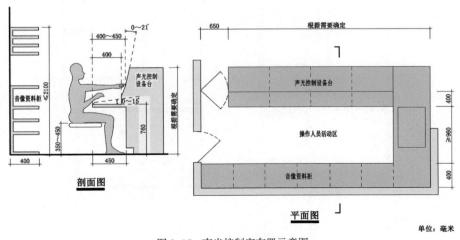

图 2-15 声光控制室布置示意图

声光控制室的布局位置，应使工作人员能够通过室内观察窗看到舞池区域，以便随时监控现场的声光效果。

（四）吧台

舞厅空间的吧台主要为客人提供酒水、饮料及点心等服务，通常设在舞厅入口或休息区附近，一般由吧台、酒柜及吧凳三部分组成（见图2-16）。

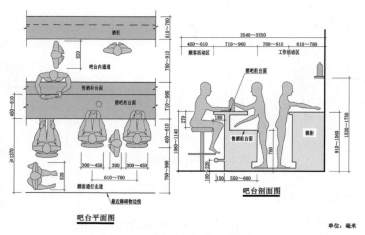

图 2-16　吧台区的相关设计尺度

（五）洗手间

洗手间应设在休息坐席区附近，既要让客人能够及时发现，又要不至于过分显眼。

公共休闲娱乐场所的洗手间必须充分满足使用功能、数量及安全等方面的要求，要根据男女性别的生理特点和需要进行有关内容的设置。在歌舞类休闲娱乐场所中，洗手间的有关设计尺寸可参见图2-17。

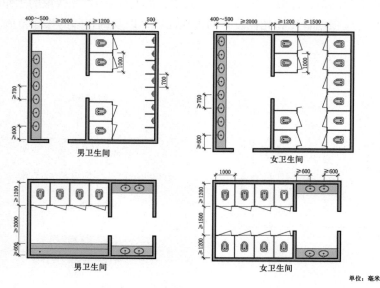

图 2-17　公共场所洗手间的设计尺寸

洗手间的使用面积和卫生洁具的种类及数量应符合公共娱乐场所的相关要求与规定：

（1）大便池的数量设定，应为男卫生间中每150人设一个，女卫生间为每50人设一个；

（2）男卫生间与女卫生间的蹲位比为1∶3；

（3）男卫生间中，小便池的设置数量应为每40人设置一个；

（4）洗手盆的设置数量，应为每200人设置一个；

（5）在卫生间的室内，应设置独立的排风设备；

（6）洗手间的入口净宽度应不小于1400毫米，且要设置成双向开启门扇；

（7）在男女卫生间中，必须考虑无障碍设计，并设置残疾人专用厕所。

（六）存衣处

在舞厅空间中，存衣处应设在出入口附近，并与休息座位区之间通行便捷，同时应避免人流路线的交叉干扰。

四、舞厅空间的灯光设计

在舞厅室内的灯光设计中，应根据各区域的使用功能及需要，设置多层次的照明系统，对于休息座区、舞台区，以及背景墙等处的灯光照明来说，应设置成为全场中灯光照度最低的区域。

舞厅空间的照明灯具必须采用适于进行调光控制的光源，以满足灯光效果变化的需要。其灯光设置应分布均匀，并具有一种梦幻感觉（见图2-18）。

图2-18 舞厅灯光的梦幻感

舞台与舞池空间的灯光照明，应根据舞厅的舞种类型、设计风格，以及主题表现等方面的要求来进行考虑，并利用舞厅专用灯具的特殊照明形式才可实现。现将舞池空间的专用灯具种类及配置效果做一下简要的介绍。

（一）舞池空间的常用灯具

舞池部分的各种灯具均属于专用的舞台灯光设备，其种类与我们常见的普通灯具完全不同，具有较强的专业特殊性（见图2-19）。

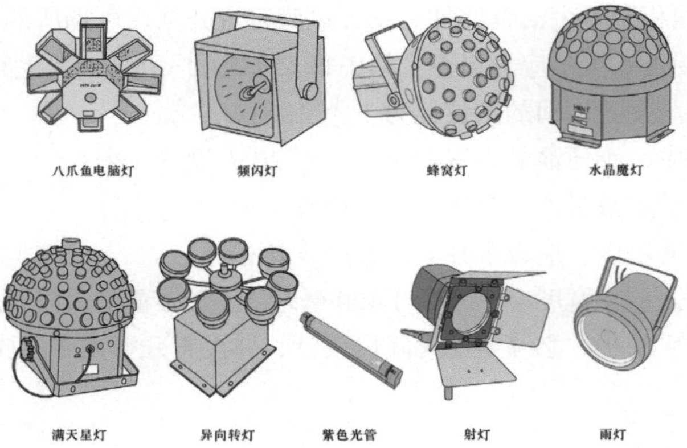

八爪鱼电脑灯
频闪灯
蜂窝灯
水晶魔灯
满天星灯
异向转灯
紫色光管
射灯
雨灯

图 2–19 舞池空间常用灯具

（二）舞池部分的灯具配置效果

舞池上空的专用灯具悬挂高度，应控制在距离地面 2 800 ~ 3 600 毫米之间。为了创造出舞池空间的独特艺术效果，可利用以下专用灯具及设备来实现光环境的营造。

（1）通过灯光反射玻璃球使舞池灯光得以扩散；

（2）利用彩色转盘灯使灯光的颜色产生交替变化；

（3）运用频闪灯使灯光效果出现闪烁；

（4）采用蜂窝灯使灯光产生转动和多点投射；

（5）利用烟雾器来增加灯光的层次和神秘气氛；

（6）利用走珠灯带来装饰天花板或地面，使光源产生流动感；

（7）利用魔灯使灯光产生奇妙的变幻；

（8）采用霓虹灯使字体或图案得到有趣的装饰。

在此，可通过某舞厅的舞池灯具布置图，来进一步地分析和理解灯光配置效果（见图 2–20）。

电脑灯
星星灯
单头扫描灯
频闪灯
蜂窝灯
紫光灯管
双镜卡通图像灯
雨灯
霸王灯
程控彩色花灯
单层沙鱼头

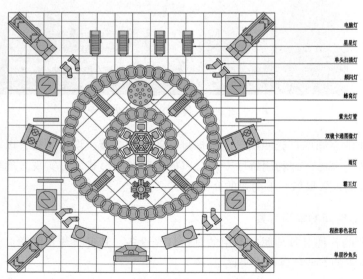

图 2–20 舞池灯具平面布置图

五、舞厅空间环境设计的材料选择

舞厅空间装饰材料的选择与构造处理必须符合公共娱乐场所防火规范的有关要求。

（一）舞厅空间的材料选择

由于舞厅空间的装修周期一般都相对较短，或者使用中也会出现局部改造，因此，在舞厅空间中不宜过多使用高档装饰材料，能够达到使用要求和设计效果即可（见表 2-1）。

表 2-1　舞厅空间常用装饰材料一览表

类别	一般装饰材料		功能及效果
地面	舞池：多色花岗石、大理石、瓷砖		光洁、耐磨、美观
	舞台：木地板、荧光地毯		便于造型、局部可移动、美观
	座位区：提花地毯、荧光地毯		柔软、舒适、高贵、视感好
墙面	乳胶漆、丝光漆、墙纸、木质壁板、防火板		造型丰富、色彩多样、美观经济
	软包、壁毯		吸音、隔音、触感好、美观
	金属、玻璃（局部点缀）		丰富造型、视感好、闪烁感强
顶面	多色乳胶漆、墙纸、丝光漆		色彩丰富、美观大方、经济实用
	彩色透光玻璃		造型美观、光照柔和、富有神秘感
	钢架网顶棚（喷涂黑色漆）		便于灯具悬挂、灯光效果突出

（二）舞厅空间材料选择要点

（1）舞厅室内空间的墙面装饰材料宜采用吸音效果较好的壁毯类材料；

（2）舞厅空间的窗体材料应采用隔音性能较好的铝合金窗或双层木窗；

（3）在舞厅空间中应选用封闭性较好，并具有隔声、吸音效果的专用门；

（4）应尽量选用吸音性能较好的室内家具，如布艺沙发、皮革沙发等；

（5）在舞厅室内地面中，除舞池地面外，宜多采用地毯；

（6）在舞厅室内空间中，对顶棚的装饰效果并不强调，通常以喷刷黑色涂料为主。

六、舞厅空间环境设计实例

舞厅空间的环境装饰设计，必须充分突出舞厅的设计主题及个性。对于初学者来说，当我们通过作品欣赏的方式来学习设计时，其目的不是为了按照已有作品进行照搬或修改，而是要学习已有设计作品中有关主题思想的体现与装饰风格、设计元素、细节处理等方面的应用技巧，所要关注的应当是处理及解决问题的方法，而不能只看到具体的造型，却忽视了对整个设计的深入思考。

在舞厅室内空间环境装饰设计的学习中，为培养学生独立思考、分析及解决实际问题的应用能力，在此可通过舞厅空间的设计实例，进行有关设计方面的分析和思考（见图2-21 ~ 图2-25）。

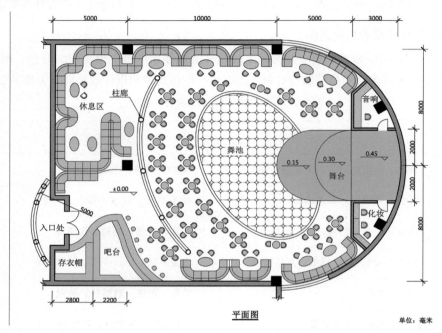

图 2-21 舞厅平面布置图

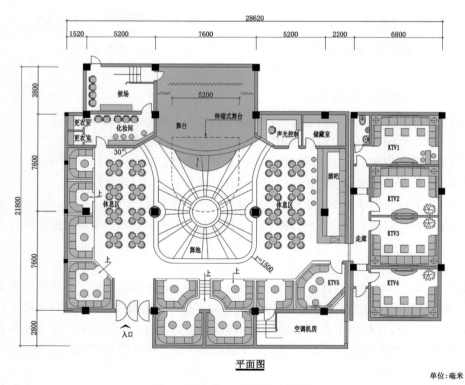

图 2-22 卡拉 OK 舞厅平面布置图

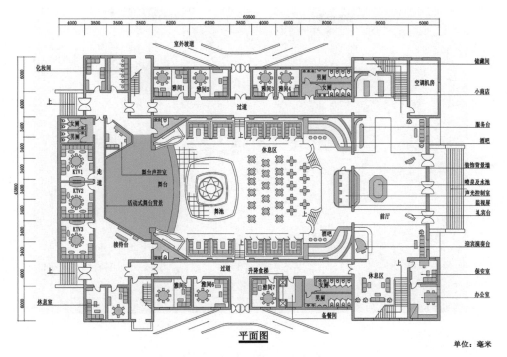

图 2-23 多功能舞厅平面布置图

图 2-24 宾馆多功能舞厅

图 2-25　迪斯科舞厅

2.3　KTV 空间环境设计

一、KTV 空间的有关概念

KTV 娱乐空间是提供卡拉 OK 影音设备和视唱的休闲娱乐场所,一般设有小型演唱舞台、音响设备、点歌台,以及休息座椅等。规模较大的 KTV 空间通常会与餐饮设施相结合。

(一)KTV 包房

KTV 包房是为了满足团体客人进行唱歌和娱乐的需要而提供的一种相对独立、无拘无束、畅饮畅叙的封闭式房间(见图 2-26)。

图 2-26　KTV 包房空间

（二）量贩式KTV

"量贩"一词源于日语，是捆绑式销售或大量批发的意思。量贩式KTV就是把唱歌的费用同酒水和零食的价格捆绑在一起进行销售，以引起消费者的消费欲望。

二、KTV空间的基本类型

中国目前的KTV空间可按照经营方式或功能设置的不同来进行分类。

（一）根据经营方式的不同分类

按照KTV空间的经营方式不同，一般可将KTV空间分为标准型量贩式KTV、自助餐饮型量贩式KTV、按时间预买型量贩式KTV、按场次预买型量贩式KTV、标准型夜场KTV等基本类型。现分别来做一下简要的介绍。

1. 标准型量贩式KTV

标准型量贩式KTV又称自助式KTV，其经营特点是让客人自助点歌和去超市购买饮料及食品。

2. 自助餐饮型量贩式KTV

自助餐饮型量贩式KTV的经营特点是让客人自助点歌和到超市去购买饮料及食品，同时还提供自助餐饮服务（见图2–27）。

图2–27　自助餐饮型KTV包房空间

3. 按时间预买型量贩式KTV

按时间预买型量贩式KTV的经营特点是让客人自助点歌和自己设定包房的使用时间，并要预先支付所需费用。

4. 按场次预买型量贩式KTV

按场次预买型量贩式KTV的经营特点是让客人自助点歌，每场都有固定的时间段，并且要预先付费。

5. 标准型夜场 KTV

标准型夜场 KTV 又称酒店式 KTV，其经营特点是提供点歌、点酒水及点餐饮服务（见图 2-28）。

图 2-28　酒店式 KTV 包房空间

（二）按功能设置的不同分类

若根据 KTV 空间的功能设置不同，可将 KTV 空间分为 KTV 歌厅、KTV 歌舞厅、KTV 多功能厅等几种类型。现简要介绍如下。

1. KTV 歌厅

KTV 歌厅是以卡拉 OK 影音伴唱为主的休闲娱乐空间，比较注重音响和影像设备的使用效果，而对灯光设备的要求通常较少。

2. KTV 歌舞厅

在 KTV 歌舞厅中，除了要提供卡拉 OK 影音伴唱的娱乐项目之外，还要兼顾舞厅的使用功能。

3. KTV 多功能厅

KTV 多功能厅是以举行会议或宴会为主、卡拉 OK 娱乐内容为辅的活动空间，通常对语音设备要求较高。

三、KTV 包房的种类

KTV 包房可根据经营形式不同或面积大小不同来进行分类。现分别来做一下简要介绍。

（一）按经营形式的不同分类

按经营形式的不同，可将 KTV 包房分为餐厅式、酒吧式及休闲式等类型。

1. 餐厅式 KTV 包房

餐厅式 KTV 包房是以提供餐饮服务为主、KTV 娱乐项目为辅的活动空间，一般应设有餐桌与餐椅、沙发与茶几、备餐柜、洗手间、衣帽架、卡拉 OK 视听设备、专用灯光设施，以及小型舞台和舞池等（见图 2-29）。

图 2-29　餐厅式 KTV 包房空间

2. 酒吧式 KTV 包房

酒吧式 KTV 包房是在提供卡拉 OK 视听娱乐项目的同时，还配有酒水和饮料等服务，一般应设置舞台、舞池、灯光设备、茶几、休息座位，以及点歌器和视听设备等。

3. 休闲式 KTV 包房

在休闲式 KTV 包房中，除了必须具备酒吧式 KTV 的基本功能以外，还要提供其他有关内容的休闲娱乐项目及设施。

（二）按面积大小的不同分类

按面积大小的不同，又可将 KTV 包房分为小型、中型及大型等类型。

1. 小型 KTV 包房

小型 KTV 包房的使用面积一般在 9 平方米左右，能接待 6 人以下的团体。

2. 中型 KTV 包房

中型 KTV 包房的使用面积通常为 11 ~ 15 平方米，能接待 8 ~ 12 人的团体。

3. 大型 KTV 包房

大型 KTV 包房的使用面积通常在 25 平方米左右，能够同时接待 20 人左右的团体。面积更大一些的 KTV 包房，通常还称为豪华型 KTV 包房。

四、KTV 空间环境设计的主要思考方向

经营 KTV 休闲娱乐项目的室内空间，主要包括接待大厅、服务台、KTV 包房、电脑机房、小型超市、卫生间、走道间，以及办公和辅助用房等设计内容（见图 2-30）。

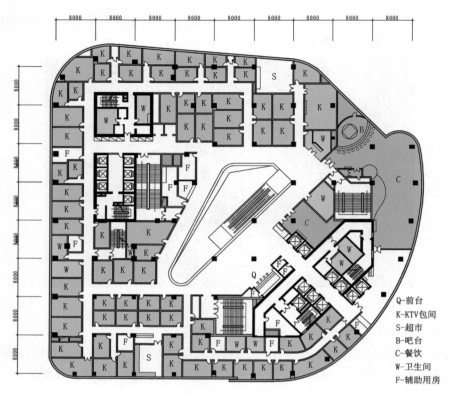

Q-前台
K-KTV包间
S-超市
B-吧台
C-餐饮
W-卫生间
F-辅助用房

图 2-30 KTV 空间平面布局示意图

KTV 室内空间的环境装饰设计，不但会应用到建筑结构、声学、空调、暖通、电气，以及音响和视频等专业知识，而且还要涉及消防安全、紧急疏散及环境保护等方面的实际问题，这些均需要设计者在进行 KTV 室内设计时给予充分考虑。

KTV 室内空间环境装饰设计的主要思考方向，一般包括设计定位、声学设计、灯光设计、材料运用、消防安全等几个方面的基本内容，现简要介绍如下。

（一）设计定位

KTV 空间的设计定位包括经营模式、消费群体、设计主题、表现风格等诸多方面。其中，在进行设计主题与风格定位时，必须结合该地区的文化需求和消费群体特点来展开思考，要使主题特色与设计风格的体现能够别具一格，并从实用的角度出发突出设计个性。

（二）声学设计

KTV 室内空间的声学设计包括墙体、天花板、地面、门窗等各个部位的设计。在进行 KTV 室内空间环境装饰的设计时，必须以声学设计为基础，切不可只满足于视觉方面的审美效果，而忽视了声学效果的具体体现。

（三）灯光设计

KTV 包房的灯光应属于低照度照明。KTV 空间的灯光设计，要根据使用功能和灯光艺术表现的需要，准确划分各区域的照明效果，并对整体环境的灯光色彩进行合理搭配（见图 2-31）。

图 2-31 KTV 包房空间的照明效果

（四）材料运用

在 KTV 空间室内环境装饰设计的材料运用方面，要合理使用隔音、吸音、声反射，以及环保和防火等材料。必须使选择的装饰材料既满足于声学的要求，又适合于室内装饰艺术的审美需要。

（五）消防安全

KTV 空间是人员较密集的公共娱乐场所，必须符合娱乐场所的应急疏散和防火规范要求，应做到空间划分明确、功能分区合理、装饰材料的使用符合防火等级要求。

五、量贩式 KTV 空间的区域划分

量贩式 KTV 的经营空间一般较大，区域划分的形式也多种多样，但普遍来讲，在进行量贩式 KTV 空间的区域划分时，必须首先明确各功能区之间的相互关系和经营规律，然后才能根据建筑平面的具体状况和相关要求，进行整体布局及各功能区的划分。有关量贩式 KTV 空间的功能组织与相互关系可参见图 2-32。

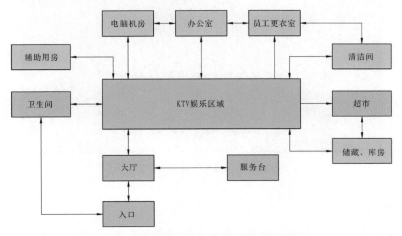

图 2-32 量贩式 KTV 空间功能关系分析图

在进行量贩式 KTV 室内空间的区域划分时，必须从合理划分功能区、合理组织空间层次，以及注重防火安全等几方面来进行整体考虑。现简要介绍如下。

（一）合理划分功能区

量贩式 KTV 室内空间的功能分区，要根据经营模式和功能定位，优先安排好 KTV 娱乐大厅，特别是舞池和舞台的位置，然后再进行散座、卡座、KTV 包房、自助餐厅、酒吧等功能区的布置，应使各功能区之间能够形成一个有机的统一整体。

（二）合理组织空间层次

量贩式 KTV 室内空间应具有一定的舒适感、趣味感及装饰性，可根据功能需要，适当运用屏风、栏杆、花槽、石景、水景等来组织和划分各功能区域，或采用改变地面标高、天花板标高等空间处理方法，来增加空间的层次感和神秘感，以使平淡的空间，呈现出起伏多变、错落有致的趣味性。

（三）注重防火安全

在量贩式 KTV 室内空间的区域划分中，必须注重防火、防灾的要求。应使出入口的数量和宽度、楼梯的宽度，以及安全出口之间的距离等，符合紧急疏散和防火规范要求。

六、量贩式 KTV 空间的功能设置

量贩式 KTV 室内空间的功能设置内容，一般包括接待大厅、购物超市、KTV 包房、卫生间、休息区、茶水间、制作间、办公室、员工更衣室，以及仓库和机房等功能区。现分别介绍如下。

（一）接待大厅

量贩式 KTV 接待大厅主要用于接待和咨询服务，一般设有接待台、收银台、休息等候座位，以及 MV 电视墙等设施（见图 2-33）。

图 2-33　主题 KTV 接待大厅空间

（二）购物超市

量贩式 KTV 空间的小型购物超市是为客人提供选取酒水、饮料及小食品的服务区，应

设在接待大厅附近。

（三）KTV 包房

量贩式 KTV 包房是为客人提供的私密空间，应设有大、中、小三种类型的 KTV 包房，以满足使用需要。

（四）卫生间

量贩式 KTV 室内空间中的卫生间，应设在娱乐区域附近，且空间大小适度（见图 2–34）。

图 2–34　KTV 卫生间

（五）休息区

在量贩式 KTV 室内空间中，一般除休息区之外不再另设其他专用的休闲区，应设有一定数量的沙发和茶几，或成套的休闲式桌椅等家具，以备客人临时休息之用。

（六）茶水间

茶水间是服务员为客人沏茶、续水的专用房间，一般设有电开水器、消毒柜、自来水池等。若使用空间允许，还可设置储物柜和操作台，兼作水果清洗及拼盘的临时操作间。

（七）制作间

量贩式 KTV 中的制作间是为满足制作爆米花、果盘等需要而设置的工作区，为方便服务人员的提取，应设在购物超市或接待台附近的较隐蔽处。

（八）办公室

量贩式 KTV 空间中的办公室是用于日常经营与管理的工作房间，应设有经理台、座椅、文件柜，以及休息沙发和茶几等办公家具。

（九）员工更衣室

员工更衣室是用于员工更换工作服装和临时休息的配套房间。应设有存衣柜和沙发椅等家具，有时还附设临时休息室、卫生间及淋浴间等设施。

（十）仓库

量贩式 KTV 空间中的仓库应设在购物超市附近，以存放货物和常用营业设备为主。

（十一）机房

量贩式 KTV 空间中的机房面积一般为 5 ~ 8 平方米，宜布置在 KTV 包房区域的中央地带。

七、KTV 包房的声学处理要点

对于 KTV 包房的环境气氛营造来讲，既是艺术设计，也是声学设计。接下来，就让我们从声学设计的角度来谈一谈有关 KTV 包房的声学处理问题。

（一）KTV 包房的隔音处理

（1）在 KTV 包房中，其装修基层材料的硬度越高，隔音效果就越好。

（2）采用 240 毫米厚砖隔墙，并抹水泥基层的 KTV 包房，可达到较好的隔音效果。

（3）当采用金属隔音墙板时，可达到较好的隔音效果，其厚度越大，隔音效果越好。

（4）在轻钢龙骨石膏板墙体外面，再加挂一层硬度较高的厚水泥板，可起到较好的隔音效果。

（二）KTV 包房内的声音传播途径

在 KTV 包房中，声音的传播一般要通过六个途径后才传入到听者的耳中。其中包括：由音箱中发出的直达声；来自地面的反射声；来自天花板的反射声；来自音箱后墙处的反射声；位于听者两侧的墙面反射声；来自听者背后墙面的反射声等。由此不难看出，当改变声波传播的任一反射面条件时，就会使听者听到的声音发生变化。因此，对 KTV 包房中的反射声强度一定要处理得当。

（三）KTV 包房中各空间界面的声学处理要点

（1）位于听者的两侧墙面和天花板是声学设计及处理的重点部位。

（2）在 KTV 包房中，应使声波的扩散能量多于被吸收的能量，以降低声音的共振强度。

（3）当 KTV 包房的高、宽、长度尺寸满足 0.618：1：1.618 的比例时，便可获得较好的声学效果。

（4）在 KTV 包房中，不可过多地使用吸音材料，否则将会导致混响时间过短。

（5）位于音箱背后的墙面处理，不宜使用吸音材料，保留砖墙或水泥墙面时会让声音效果更佳。

（6）位于听者两侧的墙面，可采用均匀分布的吸音和扩散材料来进行声学处理。

（7）木质格状结构和百页窗式结构都会对声波产生扩散作用。

（8）具有半圆柱形状且均匀排列的装饰物体，可形成较好的声音扩散物，并兼有吸声的作用。

（9）在 KTV 包房中，对于音箱和听者的位置设定都至关重要。

（10）在进行 KTV 包房的吸声处理时，墙壁的下半部比上半部更为重要，通常可使用穿孔板与薄板形成共振吸声结构来进行声学及装饰处理。

八、KTV 空间环境设计实例

KTV 休闲娱乐空间的环境装饰设计，必须注重经营模式和地域特色，要根据该地区的时尚文化、审美特点及地区差别等要素进行设计创意（见图 2-35、图 2-36）。

图 2-35　KTV 包房设计（新疆地区）

图 2-36　KTV 包房设计（福建地区）

为便于进行 KTV 室内空间环境装饰设计的自主学习和独立思考，可通过图 2-37 ~ 图 2-40 进行有关设计方面的分析及评价，以使课堂知识得到更进一步深化，从而提高设计的理解力。

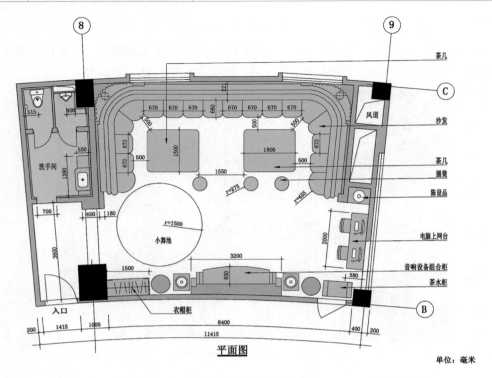

图 2-37 KTV 包房平面图

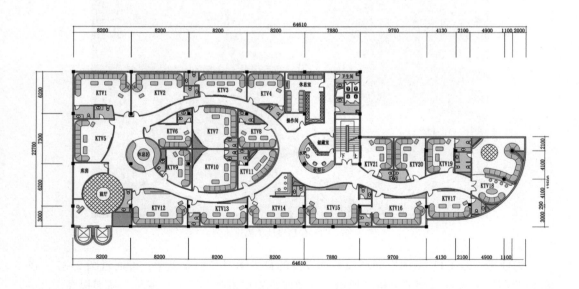

平面图

单位：毫米

图 2-38 KTV 平面布置图

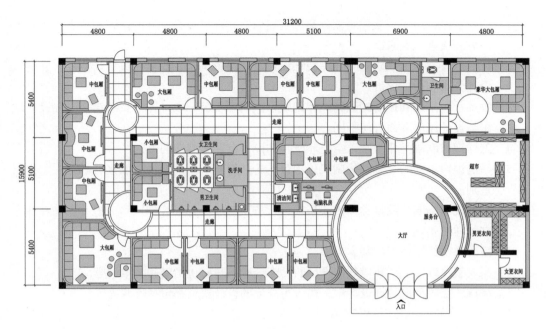

平面图

单位：毫米

图 2-39　量贩式 KTV 平面图

图 2-40　KTV 包房空间

思考题与习题

1. 结合实践经历谈一谈你对歌舞类休闲娱乐空间环境装饰设计的认识和感受，可从某一方面或某一点来谈。

2. 针对歌舞类休闲娱乐空间环境装饰设计开展市场调查，收集相关设计图片，并进行设计分类和设计评价。

3. 收集一些早期和近期的歌舞类休闲娱乐空间环境装饰设计图片，总结一下在设计理念与设计风格方面有何不同。

4. 怎样理解歌舞类休闲娱乐空间环境装饰设计存在地域性的差别？

5. 举例说明不同的歌舞类休闲娱乐项目，若从灯光气氛的要求方面来看都存在怎样的差别。

6. 举例说明不同的歌舞类休闲娱乐项目，若从室内设计的装饰风格表现方面来看都存在怎样的差别。

7. 简要说明舞厅空间的基本类型。

8. 简要叙述舞厅空间环境装饰设计的功能分区一般应包括哪些基本内容。

9. 在舞厅空间环境装饰设计中，舞台与舞池的设计要点都包括哪些内容？

10. 舞厅空间的声光控制室的设计要点都有什么？

11. 在舞厅空间环境装饰设计中，舞池部分的专用灯具通常都有哪些？

12. 针对KTV空间环境装饰设计开展市场调查，收集相关设计资料并进行分析和整理，看看从中你能获得怎样的收获和设计体会。

13. 收集具有代表性的量贩式KTV空间环境装饰设计图片，并进行设计分析和设计评价。

14. KTV包房都有哪些种类？在功能布置上有何区别？

15. 简要说明KTV包房的声学设计要点。

16. 简述KTV包房中的声音传播途径都包括哪些方式。并谈一谈如何来进行室内空间中各界面的造型设计和装饰材料的选择。

17. 针对KTV包房中的声学设计现状开展市场调查，并对实践结果进行现场分析和评价，若存在问题时请拿出你的想法，说一说应当在今后的设计中怎样进行避免或改善。

第三章
休闲餐饮空间环境设计

学习目标及基本要求

明确餐饮空间环境装饰设计的发展趋势，了解餐饮空间的基本类型及相关内容；理解各种餐饮空间的经营方式与消费群体之间的相互关系；掌握休闲餐饮空间的基本概念、类型，以及整体布局和功能分区的设计要点，能够运用相关理论知识分析和解决设计问题。

学习内容的重点与难点

重点是根据餐饮空间的经营特色、设计定位、消费者需求等方面，进行功能设置和装饰设计风格的体现；难点是将餐饮空间的室内环境装饰设计与装饰工程的施工要求相结合。

3.1	对餐饮空间的认识

本章主要讲授休闲餐饮空间的环境装饰设计方法，而对传统意义上的餐饮空间只作简要介绍。传统餐饮空间是以各用餐时段的正餐为主，而休闲餐饮空间的营业时间不受各用餐时段的限制。

一、餐饮空间的定义

餐饮空间是指对食物进行现场烹饪、调制，并出售给顾客，主要提供现场消费与服务的场所。

二、休闲餐饮空间

提到休闲餐饮，我们就会想到如快餐厅、西餐厅、咖啡厅、茶餐厅等休闲餐饮场所。在这些休闲餐饮场所中，虽然都含有休闲的项目或内容，但不能使顾客真正充分地感受到休闲的惬意和情趣。究其原因是这类休闲餐饮场所，在服务项目和氛围营造等方面还缺少内涵（见图3-1）。

图 3-1 休闲餐饮空间

真正意义上的休闲餐饮空间，其休闲的内涵应当体现在用餐氛围、经营品种、营业时间、服务方式，以及满足客人休闲需要的各个方面。现分别做一下简要的介绍。

1. 表现形式的多样性

在休闲餐饮空间的经营形式上，应能够满足不同类型的人们对用餐环境多样性的需求。应使顾客在享受食品美味的同时，还能在听觉、视觉，乃至体验中获得一种用餐的快乐感和休闲的满足感。

2. 饮食品种的多样性

休闲饮食品种的多样性主要体现在多餐别的设置方面，如设有中餐、西餐、日式料理、韩式料理、东南亚餐等多种风味。

3. 营业时间的随意性

传统意义上的餐厅，主要以早、午、晚三餐的时间段作为营业时间，而休闲餐饮空间的营业时间及经营方式，就不会存在用餐时的不便，这就极大地满足了人们在选择休闲用餐时的一种随意性。

4. 服务方式的灵活性

在休闲餐饮空间中通过灵活的服务方式，可让客人体会到一种宾至如归的亲切感，如在空间布局、家具布置、室内陈设、员工服饰及服务方式等方面，都要充分体现出休闲的情趣和氛围。

三、商务休闲餐饮空间

商务休闲餐饮空间，是以商务洽谈、朋友聚会、休闲娱乐等为目的，主要以餐饮、茗茶、咖啡及商务服务为主要形式的多功能餐饮服务场所。

四、餐饮空间的布局方式

根据餐饮空间的功能需要，比较常见的空间布局，一般有集中式、组团式、串联式，或是它们的综合式等布局方式。现分别简要介绍如下。

（1）集中式餐饮空间的布局方式是由一定数量的次要空间，围绕着一个较大的占有主导地位的空间进行布局的一种布局方式。

（2）组团式餐饮空间的组合方式是利用某种关系，使各空间单元之间建立起紧密联系的一种空间布局方式。

（3）串联式餐饮空间的布局方式是利用一条穿过组团的通道来连接若干个空间的一种布局方式。

（4）综合式餐饮空间的布局方式是先将一些较小的空间单元布置在一个较大的空间周围，来形成一个空间集合，然后再通过以上三种方式把若干个空间集合进行组合的一种布局方式（见图 3-2）。

图 3-2　休闲餐饮空间的布局形式

3.2　主题餐厅空间环境设计

中国城市化建设的不断发展对餐饮行业提出了新的挑战。餐饮业在饮食文化、餐饮环境、功能多样化等方面也都有了新的认识和创新的尝试。

一、主题餐厅的概念

主题餐厅是指一种利用主题文化作为设计创意和表现内容的餐饮空间（见图 3-3）。

图 3-3　荷花亭主题餐厅空间

二、主题餐厅的表现形式与存在方式

（一）主题餐厅的表现形式

主题餐厅是以从事饮食烹饪加工及消费经营活动为主的，带有主题文化内涵的休闲饮食空间。主题餐厅的表现形式，若按地理区域的文化特征来分，大体上可划分为东方式和西方式两种风格。其中，东方式可分为中式、日本式、韩国式、泰国式、印度式等风格；西方式又可分为法式、英式、意大利式、俄罗斯式、美国西部式、德国式、西班牙式等不同的表现风格。

（二）主题餐厅的存在方式

从主题餐饮空间角度来讲，主要有以下几种存在方式。

（1）开设在饭店、宾馆、酒店、会所、度假村、公寓、娱乐场所中的餐饮系统，如各类风味的中餐厅、西餐厅、宴会厅、自助餐厅，以及设立于酒吧、酒廊、咖啡厅、茶楼等场所或附近的休闲餐厅。

（2）各种营利性餐饮服务机构，如各种独立经营的餐厅、餐馆、酒楼、快餐店、食街、风味小吃店和各类餐饮连锁店等。

（3）非营利性及半营利性的餐饮服务机构，如企事业单位中的餐厅、学校餐厅、幼儿园餐厅、医院餐厅等。

（4）其他专门机构开设的餐厅，如军营的饮食服务机构、社会福利院的饮食服务机构、监狱的饮食服务机构等。

三、主题餐厅的基本种类

主题餐饮空间的基本种类，一般包括宴会餐饮空间、普通餐饮空间、食街、快餐厅和西餐厅等。现分别做一下简要介绍。

（一）宴会餐饮空间

主要是用来接待外国来宾或国家大型庆典、高级别的大型团体会议，以及宴请接待贵宾之用。

（二）普通餐饮空间

主要是指各类经营传统的高、中、低档次的中餐厅和专营地方特色菜系，或专卖某种菜系的餐饮服务场所。

（三）食街和快餐厅

主要是指经营传统地方小吃、点心、风味特色小菜或经济饭菜的休闲餐饮场所（见图3-4）。

图 3-4　风味快餐厅空间

（四）西餐厅

西餐厅是按西式的风格与格调进行设计，并采用西式的菜谱来招待顾客的休闲餐饮场所。西餐厅按经营种类的不同，分为传统主题、地方主题、特色主题，以及休闲式和综合性等西式餐厅。

四、主题餐厅空间环境设计基本原则

主题餐厅不仅具有经营、管理，以及餐饮产品加工制作的特殊性，而且因主题内容与定位的不同，也就决定了主题餐厅的设计范围将包罗万象，所涉及的内容也将种类繁多。

因此，对于主题餐厅空间的环境设计来讲，必须依据一定的理念和原则来进行考虑与实施，其中包括：

（1）以市场需求为导向原则；

（2）注重符合性与适应性原则；

（3）突出服务性、主题性、文化性、灵活性原则；

（4）实行多维化的设计原则，如可以涵盖广告设计、形象设计、品牌设计、导视设计、网页设计等诸多方面。

五、主题餐厅空间环境装饰设计的基本内容

主题餐厅设计所涉及的内容较多，在此仅对主题餐厅设计的基本内容和应变考虑问题，做一下简要的介绍。

（一）主题餐厅空间环境装饰设计的基本内容

主题餐厅的设计应根据其建筑风格、所处环境、主题文化，以及消费人群的审美情趣等方面进行创意，必须达到设计风格与表现形式的整体和谐与统一（见图3-5）。

图3-5　火车主题餐厅空间

1. 主题餐厅外檐设计

主题餐厅的外檐设计，通常包括外观造型设计、标识设计、门面招牌设计、橱窗设计、店外景观设计、室外灯光照明设计等内容。

2. 主题餐厅室内设计

主题餐厅的室内设计，一般包括餐厅主题与风格、空间布局、主体色调、室内照明与灯具选择、家具与陈设、设施与设备的配备，以及餐具和服务员服装等设计内容。

（二）主题餐厅设计的应变考虑

对于主题餐厅设计来讲，还要考虑到当举办特殊活动时，餐厅空间所要做出的变化或调整，常见的应变情况，如多种使用形式的宴会餐厅布置、传统节日时的餐厅布置、店庆

日时的餐厅布置、美食节时的餐厅布置，以及举办主题活动时的餐厅布置等应变设计。

六、主题餐厅空间的功能分区

主题餐厅空间一般可划分成餐饮和制作两大功能区。接下来就讲一下在这两大功能区中各功能区域的具体内容。

（一）餐饮功能区

餐饮功能区，包括门面及出入、接待和候餐、用餐，以及配套和服务等功能区域（见图3-6）。

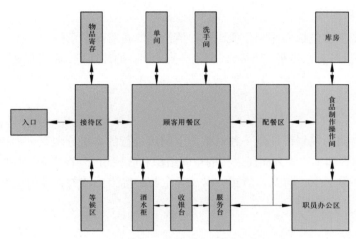

图3-6　主题餐厅空间功能分析图

现简要介绍如下。

1. 门面和出入功能区

门面及出入功能区一般包括餐厅空间的室外立面、招牌广告、出入口大门、进入通道等。

2. 接待和候餐功能区

接待和候餐功能区主要是用来迎接顾客的到来，并为顾客提供等候、休息、候餐的区域（见图3-7）。

图3-7　主题餐厅接待区

3. 用餐功能区

用餐功能区是餐厅空间中一个重要的功能区域，以满足顾客的用餐需要为主。

4. 配套功能区

配套功能区一般是指餐厅的配套设施，如洗手间、贵宾休息室等。

5. 服务功能区

服务功能区也是餐饮空间中一个重要的功能区域，主要为顾客提供用餐服务和满足经营管理的需要。

（二）制作功能区

制作功能区主要包括操作间、消毒间、清洗间、备餐间、活鲜区、点心房及储藏库等功能区。其主要设备有消毒柜、菜板台、冰柜、点心机、抽油烟机、库房货架、开水器、炉具、餐车、餐具等。

七、主题餐厅空间的规划设计

主题餐厅空间的规划设计是一种对整体空间所进行的有机分配和全面规划，是按照经营的定位要求和管理规律等方面而进行的空间组织和区域划分。在主题餐厅的规划设计中，必须充分结合环保卫生、防疫、消防，以及安全防护等方面的餐饮业特殊要求，来进行全面的统筹考虑。

八、主题餐厅空间的创意设计

主题餐厅空间的创意设计，是由功能要求和形象主题概念来决定的。餐饮功能区是主题餐厅空间中的重点部位，也是进行创意设计和艺术处理的主要空间。

（一）主题餐厅的创意设计应与经营形式相统一

主题餐厅的经营形式，可表现为诸多功能内在的要素总和。创意设计是一种涵盖经营特点、使用功能、结构组成、材料运用，以及视觉感受等多方面的共性规律与特征的综合设计。应充分处理好经营形式与创意设计的统一关系，创意设计的生命力也在于此。

（二）主题餐厅的创意设计应体现民俗文化和地区特色

主题餐厅的创意设计是源于生活而高于生活的艺术体现，它应具有某种寓意或图形语言的文化象征。只有通过不断学习和研究，才能将创意设计准确地应用于设计实践之中。

（三）主题餐厅的创意设计应具有时代感

主题餐厅空间的创意设计要能体现出当代餐饮文化和精神风貌，可通过运用新的审美理念及装饰技术手段，来展现餐厅空间的时代感（见图3-8）。

图 3-8　主题餐厅的时代感体现

（四）主题餐厅的创意设计应遵循整体性原则

主题餐厅空间仅是整个大环境之中的一个小空间，在某种程度上也可代表或反映出整个大环境的一些普遍特征。因此，主题餐厅空间的创意设计不能脱离现实而独立存在。

（五）主题餐厅的创意设计应具有可操作性

创意设计仅是一种构思或预想，要想使设计方案能够付诸现实，还必须有相应的装饰材料、工程技术，以及工期和资金投入等作为基本保障。

九、主题餐厅空间的色彩运用

主题餐厅空间的色彩运用涉及艺术、心理、生理、人文、历史、自然等诸多方面的知识。

（一）色彩的象征作用

人类对色彩的语义和情感理解，来源于长期生活实践和知识积累。色彩是有象征意义的，应根据主题餐厅空间的使用功能和性质，以及不同国家、民族、地区、阶层的人们对色彩的理解和认识，来创造出适合于餐饮环境的最佳色彩空间（见图 3-9）。

图 3-9　来自文化的色彩语义作用

（二）色彩的形象意义

1. 不同国家不同民族对色彩的含义有不同的解释

人们对色彩形象的喜好与禁忌，虽有一定的普遍性，但具体到不同的国家、民族和地区时，色彩的形象意义也并非一成不变。如中国人将红色视为喜庆和热烈的颜色；而德国人则以黑灰色作为喜庆的颜色，将红色理解为暴力等形象意义。

2. 对色彩的喜好存在年龄及性格的差异

即便同属一个国家、民族和地区的人们，对于色彩方面的喜好程度也会因年龄层次、受教育程度及性格的不同而产生差异。同时，性格的不同也会影响到人对颜色的喜好。

十、主题餐厅空间的装饰与陈设

通过装饰陈设设计，可有效提升主题餐厅空间的文化品位和环境艺术特色（见图3-10）。装饰陈设的基本内容，包括家具陈设、织物样式、艺术品摆放、绿化植物、灯饰配置等。现分别来做一下简要的介绍。

图 3-10 主题餐厅的陈设设计

（一）家具陈设

在主题餐厅中，用餐功能区的家具尺度和颜色等，可直接影响到整体环境的空间感受。因此，家具陈设的选择和布置方式，会对主题餐厅的空间效果起到改善和协调作用。

（二）织物样式

因用餐功能区的织物覆盖面积较大，织物的色彩、图案等将对室内气氛及风格表现产生很大影响。因此，对主题餐厅空间的织物样式选择，应根据主题风格、基调色、空间尺度、家具款式等方面来进行合理搭配。

（三）艺术品摆放

在主题餐厅中，对艺术品的选择和摆放，应根据主题设计风格来确定。如在现代风格的主题餐厅中，适合摆放一些造型简洁、表现形式抽象、工业化较强的现代艺术装饰品。

（四）绿化植物

在主题餐厅中，绿化植物的引入可提升环境的亲和力，同时还可用来划分和分隔空间，或形成相对私密的用餐环境。

十一、主题餐厅空间的照明设计

（一）照明的作用

主题餐厅空间的照明设计，首先是为了给室内活动提供所需的光照；其次是用来营造舒适惬意的空间氛围；最后是通过装饰照明来强调重点区域、划分功能区域，以及利用光影制造视错觉增加空间层次等。

（二）主题餐厅的灯具种类

适合餐厅空间的照明灯具共有四种类型，即天花类灯具、墙体装饰灯具、局部照明灯具，以及便携式灯具。

十二、主题餐厅空间环境设计要点

（一）满足功能需求

（1）餐厅外檐及出入口功能区是顾客对该餐厅形成的第一感觉，极易给顾客留下深刻的印象。

（2）接待和候餐功能区是承担迎接顾客、等候用餐的过渡区域，一般设在用餐功能区的前端或附近，面积不宜过大，但要设计精致且避免繁杂，以营造出轻松、安静、富有文化感的休闲环境。

（3）用餐功能区的设计要点，包括空间尺度和布局的流畅感、布局与使用的方便性，家具尺寸和环境光照的舒适度等方面（见图3-11）。

图3-11　加拿大多伦多主题餐厅用餐区域

（4）服务功能区必须充分满足通行方便和快捷的使用要求，要避免对用餐环境产生干扰。

（5）在主题餐厅空间中，餐饮制作区与营业区的面积之比以3∶7为最佳。

（二）体现主题文化

各类主题餐厅的餐饮文化不同，如有的表现各国文化之间的差异（见图3-12）。满足餐厅空间主题文化的设计有以下三个要点。

图3-12　韩国首尔餐厅的空间环境

（1）以地区特点为设计要点，以突出体现地方特征为宗旨。

（2）以文化内涵为设计要点，注重典型性和文化特色。

（3）以科技手段为设计要点，应用新的装饰材料和采用新技术，展现餐厅空间的时代感。

十三、主题餐厅空间环境设计实例

为了便于学习者能够从不同的角度来进行分析和思考，下面提供餐厅空间环境装饰设计实例，其目的在于将理论知识与设计实践相结合，增强独立认识和处理问题的准确性和可行性，从而指导实践并解决实际应用问题（见图3-13 ~ 图3-19）。

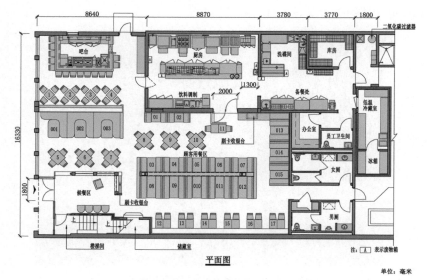

图3-13　美国加州户外主题餐厅平面图

图 3-14　日式餐厅

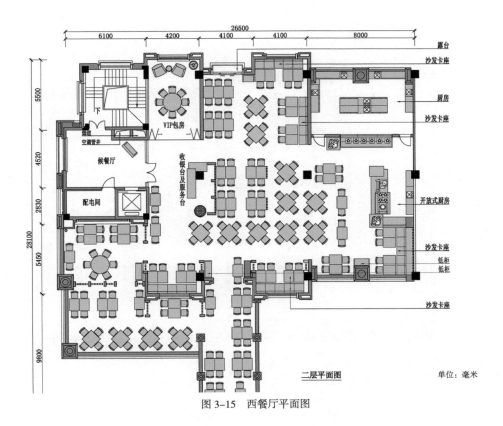

二层平面图　　　　　　　　单位：毫米

图 3-15　西餐厅平面图

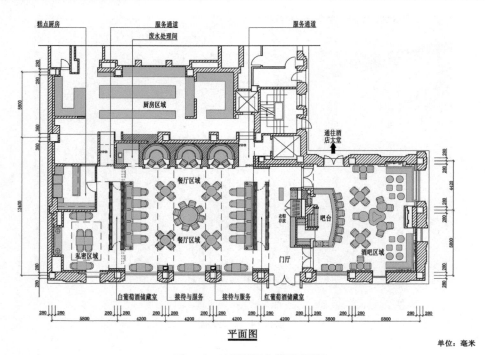

图 3-16 法国某酒店餐厅平面图

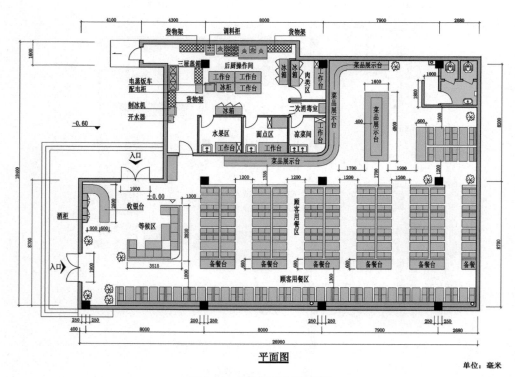

图 3-17 自助餐厅平面布置图

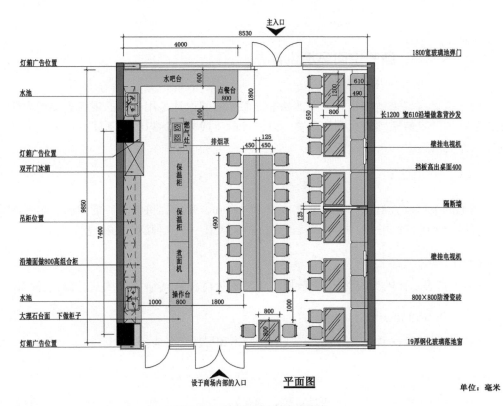

图 3-18 中式快餐连锁店平面图

图 3-19 插花主题餐厅

3.3 酒吧空间环境设计

酒吧自诞生以来就担负着社交的功能。酒吧空间设计是用个人的观点去接近大众的品味，用独到的见解来感染大众的审美，以设计的手段来表达思维的活跃，用理性的技术来创造感性的情绪。

一、酒吧的概念

酒吧的英文解释有三种，即 Bar、Pub 或 tavern，是指提供啤酒、葡萄酒、鸡尾酒等酒精类饮料的休闲餐饮场所。接下来就让我们先来认识一下三种酒吧的概念。

（一）Bar

Bar 多指娱乐休闲类的酒吧，一般提供现场乐队或歌手、专业舞蹈团队、舞者表演等项目。

（二）Pub 和 tavern

多指英式的以饮酒为主的酒吧。其消费群体和层次等各有不同。

二、酒吧的类型

中国酒吧行业发展至今已初具规模，目前有主酒吧、酒廊、服务酒吧、宴会酒吧、外卖酒吧、多功能酒吧、台球酒吧、主题酒吧等类型，现将这几种酒吧类型做一下简要介绍。

（一）主酒吧

主酒吧，也称鸡尾酒吧或英式酒吧，非常注重个性的展现，通常具有浓厚的欧美地域风情。

（二）酒廊

多设在大堂或歌舞厅中，一般不需过于体现自身的特点，而是与整体环境相融合（见图 3-20）。

图 3-20 大堂酒廊空间

（三）服务酒吧

服务酒吧是一种设在餐厅中的酒吧，服务对象是以用餐的客人为主。

（四）宴会酒吧

宴会酒吧是根据宴会的标准、形式、人数及客人要求等而摆设的酒吧，其临时性和机动性较强。

（五）外卖酒吧

外卖酒吧是根据客人要求，在某一地点，如大使馆、公寓、风景区等临时设置的酒吧。

（六）多功能酒吧

多功能酒吧大多设于综合型娱乐场所中，具有主酒吧、酒廊、服务酒吧的基本特点和服务职能。

（七）台球酒吧

台球酒吧是将酒吧服务与台球俱乐部结合在一起的产物。

（八）主题酒吧

主题酒吧的明显特点是以突出主题为中心，到此光顾的客人大多是来享受由酒吧提供的特色服务，而酒水、饮料等只起到助兴的作用。

三、酒吧空间环境设计原则

酒吧空间的艺术氛围和布局设计都会受到原有建筑的空间条件或结构形式的制约。在进行酒吧空间环境设计时，应遵循以下几项原则。

1. 统一规划原则

在酒吧规划时，首先要将酒吧的经营特色、推广计划、功能布局、装饰风格等方面进行统一思考；其次，要把规划的目标和内容根据经营特点和使用要求进行可行性设计并不断加以完善。

2. 地方特色原则

不同地区的文化底蕴、娱乐方式及消费习惯等都会存在差别，只有体现地方特色的酒吧空间才能具有本地区的代表性和人文特征（见图3-21）。

图 3-21　传统民居主题酒吧

3. 满足需求原则

在中国，酒吧是年轻人寻求想象、梦幻，宣泄，交往的休闲餐饮场所。只有将酒吧的功能设置与消费群体需求相结合，才能营造出理想的环境气氛。

4. 推陈出新原则

追求时尚和创新是酒吧消费群体的最普遍心态。推陈出新和紧跟时代步伐是经营酒吧的必由之路。

四、酒吧空间的功能设置及布局

从中国目前的酒吧空间功能设置情况来看，一般由门厅及出入口、吧台、音控室或DJ台、舞池、休息座位、娱乐项目、洗手间、后勤等功能区组成。现分别来做一下简要的介绍（见图 3–22）。

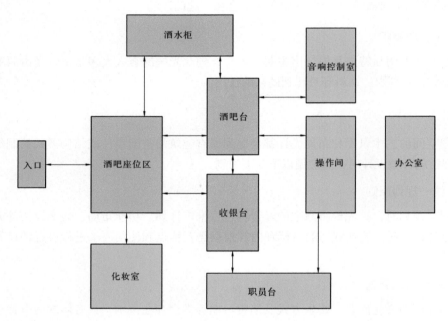

图 3–22　酒吧空间功能分析图

（一）门厅及出入功能区

一般包括酒吧的门厅、出入口、进入通道、衣帽间等区域。应将酒吧的休息座位远离此区域。

（二）吧台功能区

吧台的布局，若按造型特点来分，可分为直线形吧台、U形吧台、环形吧台或中空的方形吧台等形式。现分别来做一下有关功能布局方面的简要介绍。

1. 直线形吧台

直线形吧台的长度与服务员的设置数量有关，在通常情况下，一个服务人员能够有效控制和服务的最大长度为 3 米。

2．U 形吧台

U 形吧台的两端通常都要抵住一侧的墙壁，并在吧台内部的中央区域设置岛形储藏室。

3．环形吧台或中空的方形吧台

在环形吧台或中空的方形吧台的中心地带，要设置一个中心岛，以供陈列酒类和储存物品之用。

（三）音控室或 DJ 台

音控室是酒吧空间中专业灯光和音响设备的控制中心，一般设在舞池区域的周边；有时为节省使用面积和方便管理，也会设在吧台功能区内或附近位置。

（四）舞池功能区

在中国的酒吧空间中，舞池功能区一般都是不可缺少的娱乐设置内容。通常情况下，在舞池附近还附设有小舞台，专供演奏或演唱人员使用。

（五）休息座位区

休息座位区是酒吧客人进行休息、观赏及交谈的主要区域。因功能需要不同，休息座位区的坐席设置要求也各不相同，如有卡座、散座、包厢等坐席设置形式。

1．卡座

酒吧卡座一般分布在大厅空间的两侧，呈半包围结构，里面设有沙发和几桌。

2．散座

酒吧散座一般以 2 ~ 6 人的席位为主，通常分布在比较偏僻的角落，或者围绕在舞池的周围。

3．包厢

包厢也叫卡包，是为一些在酒吧中不愿被人打扰的团体，或朋友聚会而提供的独立用房（见图 3-23）。

图 3-23　酒吧包厢空间

（六）娱乐项目功能区

娱乐项目功能区是决定一个酒吧能否吸引客源的重要区域。在娱乐项目功能区中，应设置何种娱乐项目、规格需要多大、档次应如何，都必须与酒吧的经营目标相符合，与消费群体的休闲娱乐需要相一致。

（七）洗手间

洗手间是酒吧空间中不可缺少的主要设施，也是体现酒吧形象与个性的重点空间。

（八）后勤功能区

后勤功能区主要由厨房、职员休息室、管理办公室、库房等区域组成。在后勤功能区中，非常强调服务人员的动线组织应通畅快捷。

五、酒吧空间的气氛营造

在酒吧空间的气氛营造中，通常有原始风情和怀旧情调两大意境表现形式。

（一）原始风情型酒吧

原始风情型酒吧的气氛营造，可定位于古怪、离奇而又与自然紧密联系的主题，如运用具有异域风情的色彩及图案，配以粗糙的墙面、锯齿形的造型等来营造出亲临原始岩洞的环境感受（见图3-24）。

图 3-24　酒吧空间的意境

（二）怀旧情调型酒吧

以怀旧般的情调来表现酒吧空间的设计主题，也是酒吧行业中比较常用的一种经营策略。其环境装饰设计的主要目的，就是为了唤起人们对某段时光的留恋之情，让到来的客人能够从现代的时尚角度，来怀念那已逝去的某一段时光。

六、酒吧空间环境设计要点

若从酒吧空间的风格体现和布局来看，在进行酒吧空间环境装饰设计时，应注意处理好以下几个方面的问题。

（一）酒吧灯光

酒吧空间中的灯光始终是调节环境气氛的关键手段之一，而装饰材料和颜色则是为灯光气氛的表现服务的。酒吧灯光的设置要点在于"横看成岭侧成峰"，通过灯光效果创造梦幻般的虚幻空间，使客人感受到不断变幻和难以捕捉的光影之美，在扑朔迷离的光与影中，感受情绪的宣泄与放松。

（二）酒吧的吧台

吧台是酒吧空间中的一大亮点，在制作材料和加工工艺等方面都应成为整体空间中的视觉焦点。吧台的造型应根据酒吧建筑的空间形式、建筑风格及体量而定。吧台的布局和功能设置，必须因地制宜并满足使用要求。

（三）酒吧的墙壁处理

在目前的酒吧空间设计中，为了更好地满足酒吧客人的视觉感受和需要，可在酒吧的墙壁上，配置 BSV 液晶拼接屏、液晶电视等媒体设备，来增添酒吧的愉悦感和现代气息。此外，还可以在酒吧的墙壁上绘制壁画，或者进行其他形式的艺术处理，以使整体酒吧环境更加赏心悦目。

（四）酒吧的色彩搭配

色彩本身就是一种无声的语言。在酒吧空间物体所具有的造型、质感、色彩等要素中，色彩的表现力是极为重要的一个方面。色彩会使人产生情感暗示，比如红色是热情奔放，蓝色是忧郁安静，黑色是神秘凝重等。若酒吧空间中出现的色彩搭配数量过多时，也会使色彩主题的表达概念出现模糊不清或多种理解的状态。因此，在酒吧空间的色彩搭配方面，应做到简洁、明确、合理。除此以外，只有酒吧空间的色彩搭配，与室内的采光方式、光源性质等相匹配后，才能真正表达出准确的色彩语言和环境感受（见图 3-25）。

图 3-25 酒吧空间的色彩搭配

（五）酒吧座位的布置

在进行酒吧座位区域的布置时，应根据座位的使用性质和功能需要来确定摆放方式。在通常情况下，酒吧座位的摆放方式一般有四种类型，现分别介绍如下。

1. 自由型布置

自由型的酒吧座位布置方式就是根据酒吧室内的空间大小，由客人即兴地组合沙发席位的一种摆放形式。比如地台式的座位布置形式，它是利用地台与下沉的地坪来构成客人的座位，并充分发挥各种靠垫的作用，不再另设座椅。采用此种布置形式来设置酒吧席位的方法，可营造出既活泼又欢快的现场气氛，同时也给客人带来随意感和不受拘束的休闲情趣。

2. 对摆型布置

对摆型的酒吧座位布置方式就是让光顾酒吧的客人，能够面对面地坐下，以满足客人谈话需要为主的一种沙发席位布置方法。对摆型的沙发布置方式，可在酒吧空间中，形成较强的座位层次感，非常适合通常的酒吧环境来使用。

3. 两个中心型布置

两个中心型的酒吧座位布置方式就是利用两组沙发来共同构成，既互相交流又相对独立的两个休闲座位区域。采用两个中心型的酒吧座位布置方式，比较适合于座位区域的使用面积较大，而且人流活动也比较频繁的座位区内。

4. 转角型布置

转角型的酒吧座位布置方式就是将沙发沿墙壁转角摆放，可形成一种互相独立且又外敞式的交流空间。采用转角型的沙发摆放方式，可使酒吧的交流空间得以丰富，座位设置的功能性也得到增强。

为此，酒吧空间的座位布置方式必须根据酒吧座位区的面积大小、使用功能要求、区域划分特点，以及酒吧各部门的生产服务流程要求等来进行综合考虑，并通过合理的酒吧座位摆放方式，使酒吧空间既能容纳较多的客人，又不会出现杂乱无章的拥挤感。

七、酒吧空间环境设计实例

营造出一种具有突出个性和独特风格的休闲餐饮空间，是酒吧空间环境装饰设计的灵魂。对于酒吧空间来说，必须在整体环境中创造出一种特定的氛围，无论是布局处理，还是在色彩设置上，都必须充分体现出大胆和赋有个性的创意思路。为便于初学者对酒吧空间环境装饰设计的学习与思考，可通过图 3-26 ~ 图 3-30 进行有关设计方面的分析和评价，来有效促进课堂知识的进一步理解和深化。

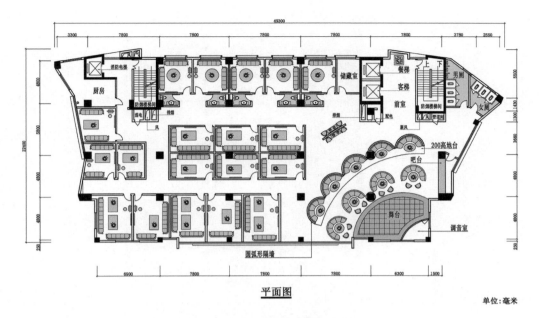

平面图

单位: 毫米

图 3-26 演艺酒吧平面布置图

图 3-27 休闲酒吧

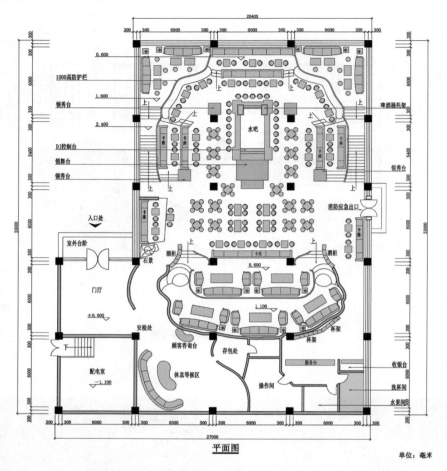

图 3-28　酒吧平面图

图 3-29　商务酒吧

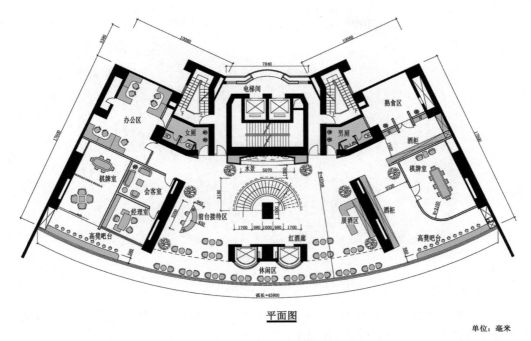

平面图

单位：毫米

图 3-30 酒吧会所平面图

3.4 咖啡厅空间环境设计

咖啡厅属于一种社交聚会的休闲餐饮场所，它首先经营的是一种文化，其次才是服务内容。

一、咖啡厅的概念

咖啡厅是指零售咖啡饮品的店铺，人们可在此品尝咖啡或饮茶，同时还可进行音乐欣赏、阅读、下棋等休闲娱乐活动。

二、咖啡厅的类型

针对目前中国餐饮业市场的发展状况，若按经营项目及服务性质的不同，可将咖啡厅分为休闲型、商务型、俱乐部型，以及咖啡餐厅和酒吧中的咖啡吧等类型。现分别来做一下简要介绍。

1. 休闲型咖啡厅

休闲型咖啡厅，通常离城市中心区较远，光顾的客人多为专门来访，必须具有一定的经营特色和主题内容（见图 3-31）。

图 3-31 休闲型咖啡厅空间

2. 商务型咖啡厅

商务型咖啡厅通常设在办公环境内，如写字楼、大专院校，以及其他机构内部或附近，其使用性质相当于商务洽谈和会友的场所。

3. 俱乐部型咖啡厅（包括机构内部的咖啡厅）

俱乐部型咖啡厅应是一种内部服务的配套，而不属于通常的商业经营场所，且不以营利为目的。

4. 咖啡餐厅

咖啡餐厅是一种餐饮结合的快餐类服务场所，常设于机场、火车站及电影院等处。

5. 酒吧中的咖啡吧

咖啡吧在中国现有的酒吧中还属于一种补充项目，只起到强化和区分酒吧品牌的作用。

三、咖啡厅空间环境设计原则

在咖啡厅空间环境装饰设计中，应遵循四项原则，即市场定位原则、品味文化原则、经济适用原则和时尚特色原则。现简要说明如下。

（一）市场定位原则

必须根据市场业态、消费群体、经营模式、服务项目等定位，进行设计创意和功能布局。

（二）品味文化原则

应以突出咖啡文化和主题特色为出发点，来满足人们的文化品位和休闲娱乐活动的需要。

（三）经济适用原则

应以经济适用和勤俭节约为设计宗旨，要合理节约装修成本，避免华而不实的铺张浪费现象。

（四）时尚特色原则

应采用新的建筑形式、材料、工艺技术等，来体现出咖啡文化的时代特征。

四、咖啡厅的功能分区及处理方法

咖啡厅空间主要由营业大厅、休息区、吧台、冷餐台、散座区、包厢、卫生间、厨房、员工休息室、库房等功能区组成（见图3-32）。现分别来做一下简要介绍。

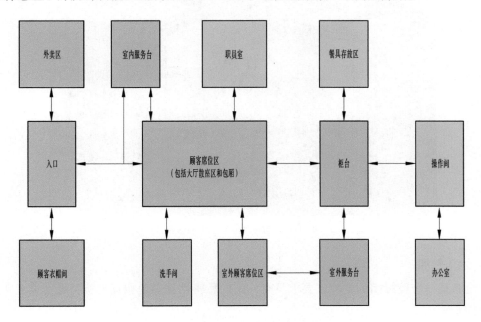

图 3-32　咖啡厅空间功能分析图

（一）营业大厅

在进行营业大厅的功能划分时，应将公共洗手间尽可能靠近大厅来布置。营业大厅的天花板与照明是装饰设计的重点，应主次分明且繁简得当。

（二）休息区

在使用面积允许的条件下，应设置休息区，以满足客人的临时等待、休息或交谈之用。

（三）吧台

1. 在设置咖啡厅吧台时，必须使吧台空间能够合理地融入到整体环境之中。对于吧台位置的选择，应充分考虑好功能动线的走向和引导性，要使顾客的往来方便、快捷。

2. 吧台区的设备及设施主要有洗杯盆、展示柜、咖啡机、榨汁机、冰柜、雪柜、电磁炉、消毒柜等。

3. 在咖啡厅中，收银台的位置应设在吧台的两侧，且收银台的台面部分应高于吧台面。

（四）冷餐台

冷餐台应设于较为居中的营业区位置，以使各区域之间取食便利。当然也有不设冷餐台的西式咖啡厅，而靠服务人员送餐。

（五）散座区

散座区是咖啡厅空间的主要坐席，宜靠近吧台及冷餐台布置。咖啡厅的散座布置，宜按成组的方式摆放，要为顾客创造出一个亲切、宁静的相对独立的空间（见图3-33）。

图3-33　咖啡厅空间的散座区域

（六）包厢

包厢是一个较封闭的空间，要求具有一定的私密性并避免相互干扰，通常设置4～6人的咖啡座。

（七）洗手间

在咖啡厅的洗手间中，应设有洗脸及化妆的区域，以给到来的客人提供方便。

（八）厨房

在咖啡厅空间中，厨房的功能组成与产品的制作流程及设备布局等密切相关。厨房空间是否能够敞开，还要取决于所供应的产品，若仅仅是供应咖啡产品，则可以将厨房做成敞开式。

在咖啡厅中，为能体现出现场加工的新鲜感受，一般将咖啡机、冰淇淋机、果汁机、蛋糕柜等设备设置在吧台区中。

从咖啡厅空间的功能区域划分方面来讲，还要避免来自内、外部的噪声干扰。

五、咖啡厅空间环境设计实例

咖啡厅空间的环境装饰设计，必须能够体现出一种独特的、与品尝咖啡相适应的环境氛围，要以实现功能布局的合理化、整体化和舒适化为目的。为便于对咖啡厅设计的学习与思考，可通过图3-34～图3-38进行分析和理解。

图 3-34　墨尔本咖啡厅

图 3-35　美国俄克拉荷马城咖啡厅

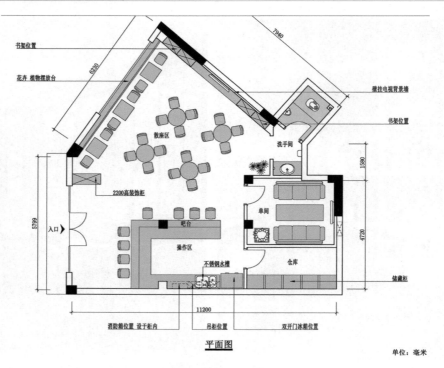

平面图

单位：毫米

图 3-36　小型咖啡厅平面布置图

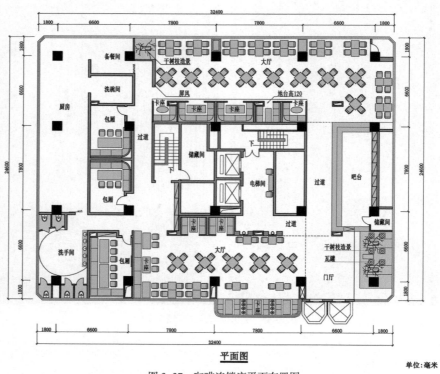

平面图

单位：毫米

图 3-37　咖啡连锁店平面布置图

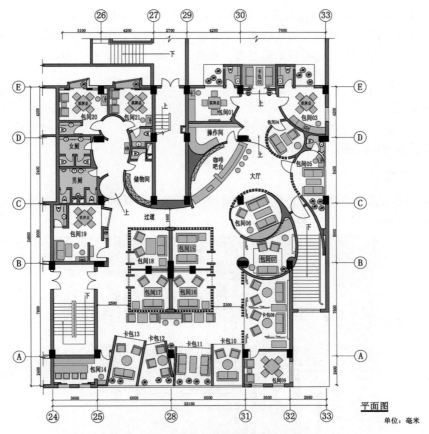

图 3-38 咖啡吧与棋牌室平面布置图

3.5 茶室空间环境设计

中国的茶文化融合了中国佛、儒、道诸派的思想，独成一体，是中国文化宝库中的一朵奇葩。同时，茶也已成为最大众化、最受欢迎、最有益于身心健康的一种绿色饮料。

一、茶室的概念

茶室空间是为人们提供休闲、交往、洽谈、议事等功能的休闲场所。人们将举办茶会的房间称为茶室，也称本席、茶席，或者只称席。在茶室内，一般设置壁龛或地炉，地炉的位置决定了室内席子的铺放方式。一般来讲，客人坐在操作人（主人）的左手边称为顺手席；客人坐在操作人的右手边称为逆手席。

二、茶室的种类

在中国，由于各地区的文化背景不同，早年都有代表各地区茶文化特征的茶室，如广东的茶室与食相结合；四川的茶室则以综合效用见长；苏、杭的茶室以幽雅著称；而北京的茶室则集各地之大成，并以种类繁多、文化内涵丰富为显著特点。

中国近代的茶室种类有大茶馆、清茶馆、棋茶馆、书茶馆、野茶馆、茶摊、茶棚等表现形式。随着茶文化的继承与发展，中国目前的茶室种类已得到了不断推陈出新，如仿古式茶室、园林式茶室、室内庭院式茶室、传统茶室、现代式茶馆、民俗式茶馆、戏曲茶室、自助式茶室、综合茶室、商务娱乐茶室等。现将以上的这些茶室做简要介绍。

1. 大茶馆

大茶馆属于一种多功能的饮茶场所。茶在大茶馆中仅是起到一种相互交流的媒介作用，其社会功能已经超出了物质本身的功能。如今在北京、成都、重庆、扬州等地，还能寻觅到这种类型茶室的踪迹。

2. 清茶馆

清茶馆是专卖清茶的茶室，饮茶是人们的主要目的，其陈设及环境布置也具有雅观、整洁、简朴等特点（见图3-39）。

图 3-39　现代茶馆空间

3. 棋茶馆

棋茶馆是专供茶客下棋的地方，茶客们在此边饮茶边下棋，以茶助兴。

4. 书茶馆

书茶馆的特点是直接把茶与文学相结合，茶客们是将听评书作为的一种主要的休闲娱乐方式，而饮茶只是起到一种助兴的作用。

5. 野茶馆

野茶馆是指设在野外的茶室，通常都会设在风景秀丽的郊外。

6. 仿古式茶室

仿古式茶室在室内装饰、布局，以及服务员服装和茶艺表演等方面，都以某种古代的传统习俗为范本，并结合茶艺的内在要求进行现代演绎。

7. 园林式茶室

园林式茶室突出的是清新、自然的环境气息，或依山傍水，或坐落于风景名胜区等处。

8. 室内庭院式茶室

室内庭院式茶室是以江南园林建筑为蓝本，结合茶艺及品茗环境的要求，在室内空间中设有亭台楼阁、曲径花丛、拱门回廊、小桥流水等室外景观。

9. 传统茶室

传统茶室是以传统的饮茶习俗作为经营特色，十分注重茶文化的体现，对员工的基本素质要求较高，尤其要精通茶艺、茶道。

10. 现代式茶室

现代式茶室的室内装饰风格与布置形式都比较多样化，通常会根据经营者的志趣、爱好，并结合房屋的结构依势而建，其建筑形态也各具特色（见图3-40）。

图3-40 现代茶室空间

11. 民俗式茶室

民俗式茶室是以特定的民族风俗习惯、茶叶、茶具、茶艺，以及乡村田园风情等为主线，注重民族特色和乡土气息的体现。民俗式茶室又可分为民俗茶室和乡土茶室两种表现形式。

12. 戏曲茶室

戏曲茶室是以茶为媒介，以欣赏戏曲或自娱自乐为主题活动的文化娱乐场所。戏曲茶室的室内环境装饰设计，更加强调戏曲表演的氛围和要求，品茶只是一种附带功能。

13. 自助式茶室

自助式茶室是借鉴了唐朝传统茶道的形式，以饮茶为媒介，席间辅以各种干果、水果及地方特色小吃等，客人可通过自助的方式来自由选取食品。

14. 综合茶室

综合茶室是将中式茶室与中式餐饮相结合，或是将饮茶与西餐相结合的一种休闲餐饮场所。在综合茶室中，到来的客人既可以用餐，又可以饮茶，服务非常人性化。

15. 商务娱乐茶室

商务娱乐茶室是谈生意、打牌、聚会、相亲、洽谈，以及看球赛等休闲娱乐活动的理想去处。由于商务娱乐茶室具有商用特征，所以对视频、网络等基本条件的满足是必不可少的。

三、茶室空间环境设计原则

在茶室空间的环境装饰设计中，应遵循四项原则，即实用性原则、符合城市文化原则、经济适用原则和体现时代特色原则。现简要说明如下。

1. 实用性原则

茶室空间应充分满足人们进行饮茶、交往、休憩、赏景，以及休闲娱乐等功能的需要。

2. 符合城市文化原则

茶室的文化内涵应以继承和发展本地区的城市文化特色为基础，以适合本地区的风土人情和休闲娱乐需要为出发点。

3. 经济适用原则

茶室空间的装饰设计要因地制宜，合理节约工程成本，避免出现华而不实的铺张浪费现象。

4. 体现时代特色原则

茶室空间的环境装饰设计应尽量采用新的建筑形式、新型材料，以及新工艺和新技术等，以充分体现中国茶文化的时代特征。

四、茶室空间的功能分区

茶室空间，一般可分为员工区和客用区两大部分。在员工区域中，应包括办公室、设备间、库房等功能区。在客用区中，又可细分为公共区、生产区和营业区等区域。其中，公共区包括停车场、卫生间、客用楼梯或电梯等功能区；生产区包括吧台、厨房、洗刷间、消毒间、热水间等功能区；营业区包括商品区、餐饮区、品茗区、结账区及休闲娱乐区等功能区（见图 3–41）。

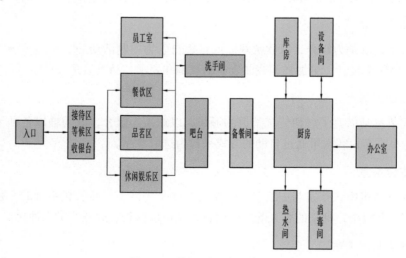

图 3–41　茶室空间功能分析图

五、茶室空间设计

若从茶室的规模大小来分类，可将茶室空间分为大型茶室和小型茶室两种类型。现在就让我们分别来做一下有关设计方面的简要介绍。

（一）大型茶室

大型茶室主要由大厅和品茶室构成。若为茶艺馆时，必须在大厅中设置茶艺表演台和品茶座位。在品茶室中可不用另设专用的茶艺表演台，而是采取桌上的方式来进行茶艺表演。

大型茶室营业区的布局，应根据使用面积和具体结构特点来进行规划，可包括散座、厅座、卡座及房座（又称包厢）等设置内容。对于大型茶室的设置内容来讲，必须根据经营方式、功能需要及消费层次等方面进行统筹考虑。现分别介绍如下。

1．散座

散座是在大厅空间中的一种座位布置方式。每个散座单元视其茶桌大小可配备 4 ~ 8 把座椅，茶桌之间的最小间距，宜为两把椅子的侧面宽度再加上 600 毫米，应使客人能够进出自由（见图 3–42）。

图 3–42　茶楼空间散座区

2．厅座

厅座是在大厅中利用墙体或隔断分隔而成的各区间内，利用数张茶桌来设置座位的一种布置方式，其茶桌之间的最小间距与散座的布置要求相同。在厅座的环境装饰设计中，最好让每间厅座都能够体现出各自的特点与情趣。

3．卡座

茶室中的卡座，类似于西式的咖啡座，在每个卡座中应设置一张几桌，几桌两侧摆放长条形的高靠背座椅，各卡座中通常设为四人座，两两相对，并利用高靠背来形成各卡座之间的隔离。在各卡座处的侧墙上，一般设有壁灯或壁挂等装饰物。

4．房座

房座即包房中的座位，在每间包房中，通常只设置 1 ~ 2 套茶桌椅。应确保包房内部的私密性且不会受到外部环境的干扰。

5. 茶水房

茶水房的布置应分隔成内外两间，外间为供应间，要在靠近茶室营业区的墙上开设一个较大的窗口，室内放置茶叶柜、消毒柜、冰箱等设备，以方便服务。在内间中，应安装煮水器，如小型锅炉、电开水箱、电茶壶等，同时还要配备热水瓶柜、水槽、自来水龙头、净水器、贮水缸以及洗涤工作台等。

6. 茶点房

茶点房的布置也应分隔成内外两间，外间为供应间，面向茶室的营业区，放置茶点盘、碗、筷、匙等用具柜，以及干燥型和冷藏保鲜型两种食品柜。内间为特色茶点制作工场或热点制作用房。如不供应此类茶点，则可进行简化布置，只需设置水槽、自来水龙头、洗涤工作台等。

（二）小型茶室

在小型茶室中，可将散座、卡座和茶艺表演台等进行混合布置，但必须合理利用空间，并满足使用要求。在空间处理上要做到错落有致，相互衬托。在小型茶室中，可根据经营内容的不同，省略开水房和茶点房，而改为在营业厅中设立专用柜台的布置形式来代替，但要确保小型茶室空间的环境整齐和美观（见图 3-43）。

图 3-43　小型茶室空间

六、茶室空间环境装饰设计要点

（一）提升文化品位

茶室空间的营业区，要充分体现出具有茶馆特色的文化内涵，在空间处理上应错落有致，形成移步异景的视觉感受，使客人能够感受到身心放松和情绪平和。

（二）合理划分空间

从茶室的整体布局和功能划分上，可直接反映出该茶室的文化品位和消费档次，同时对经营效果也会起到较大的影响。对茶室空间进行合理划分，可有效地提高茶室的经营水平，并起到节省人力、物力，以及降低能源消耗等作用。

（三）以行业要求为设计依据

茶室空间的功能布局，必须根据其建设规模、市场定位及行业规范要求等，来合理地进行空间规划，应确保在服务、出品、单据传送等流程方面，为茶室的经营创造便利条件。要做到传单迅速，流线便捷，衔接到位。

（四）各类流线组织应满足营业需要

在茶室空间中，必须处理好客人流线、服务流线、物品流线、信息流线的相互关系。一般来说，客人流线可安排一处主要的出入口；在服务流线的设置上，应包括员工专用出入口、出品专用线路、员工考勤打卡处、更衣室、用餐室、卫生间、淋浴间等各区域的流线；物品流线有后勤供应、垃圾清理、库房、杂物间等通道；信息流线是以计算机管理为中心的综合系统。客人流线应直接明了并与服务流线互不交叉；服务流线要快捷高效；信息流线应快速准确。

七、茶室空间环境装饰设计实例

茶室空间应给客人提供一种舒适、宁静、清幽，以及富有茶文化气息的休闲环境，以陶冶人们的情操，使客人在饮茶的过程中忘却辛劳和烦恼，品味一苦、二甜、三回味的美好人生。

为便于初学者对茶室空间环境装饰设计的学习与思考，可通过图 3-44 ~ 图 3-48 进行有关设计方面的分析和评价，以有效促进课堂知识的进一步深化。

图 3-44　传统主题茶馆

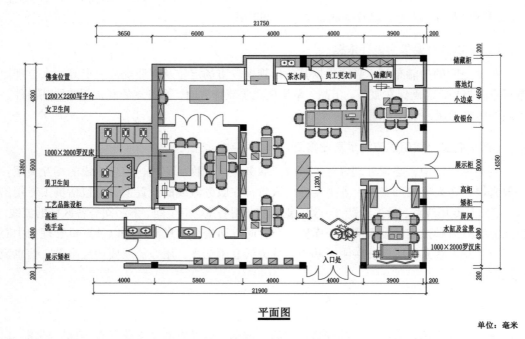

平面图

单位：毫米

图 3-45 茶艺馆平面布置图

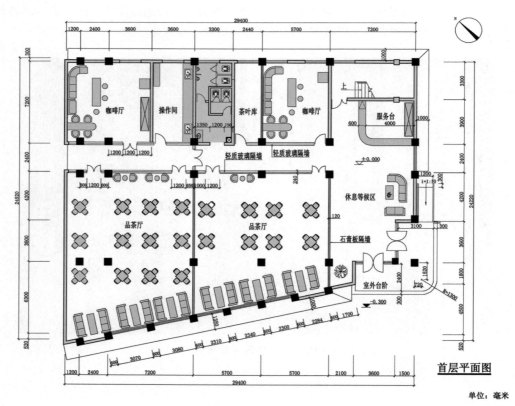

首层平面图

单位：毫米

图 3-46 茶社平面布置图

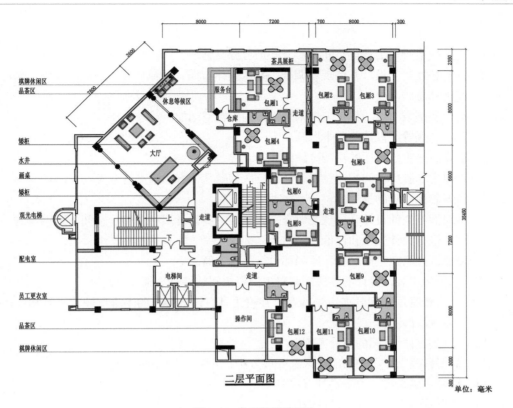

图 3-47　休闲茶楼平面图

图 3-48　中式休闲茶室

思考题与习题

1. 大量收集身边的餐饮空间图片，并进行分类整理。
2. 针对餐饮空间设计开展现场调查，并从整体布局、区域划分、功能设置等方面进行归纳和总结。
3. 结合实例说一说，你是怎样来理解休闲餐饮空间的。
4. 简述主题餐厅设计的基本原则。
5. 简要叙述主题餐厅的功能分区内容。
6. 针对主题餐厅空间的创意设计而言，应从哪几个方面来进行考虑？
7. 简要叙述酒吧的类型都包括哪些种类。
8. 针对酒吧空间设计开展现场调查，并收集一些设计风格独特、空间处理得当的设计图片进行设计分析和评价。
9. 简要叙述酒吧空间的设计原则都包括哪些方面。
10. 如何运用装饰设计的手法来营造出酒吧空间的特有气氛？
11. 针对咖啡厅空间开展市场调查，并收集具有设计特色的咖啡厅图片进行相应的分类和设计评价。
12. 简述咖啡厅空间的设计原则。
13. 简要叙述咖啡厅的功能分区及处理方法，并结合实例进行说明。
14. 结合实例来说一说茶室都有哪些类型。
15. 简要叙述茶室空间的设计原则。
16. 茶室空间的功能分区都包括哪些内容？
17. 如何确定茶室空间的装饰风格及布局形式？并结合实际举例说明。
18. 收集茶室空间的设计实例，并根据已经掌握的有关知识进行茶室设计方面的分析和评价。

第四章
运动健身空间环境设计

学习目标及基本要求

　　明确目前运动健身空间的设计概况，了解运动健身空间的基本组成、项目分类及空间与环境的要求；理解运动健身空间的经营形式与设计定位、功能设置、消费层次，以及空间形态、材料选用等方面的联系。掌握运动健身空间的基本概念、类型、功能划分和设计要点，能通过市场调研并运用相关理论知识解决实际设计问题。

学习内容的重点与难点

　　重点是能够根据运动健身空间的地域特点、经营模式、消费群体需求等方面，进行准确的设计定位和功能设置及装饰风格的体现；难点是如何将室内环境装饰艺术与运动健身项目的专业技术要求相结合。

4.1　运动健身空间组成及场地要求

　　随着中国经济的不断发展和物质生活水平的日益提高，人们对运动健身空间的设计也提出了新的要求。

一、运动健身空间的基本组成

　　运动健身空间是为体育教育、竞技运动、身体锻炼和体育娱乐等活动提供的场所，一般是由运动场地、辅助用房和管理用房三部分组成。现简要介绍如下。

（一）运动场地

　　运动健身空间的活动场地，其面积应满足运动健身项目的训练与活动要求，有些运动项目的活动场地还需要提供长、宽、高或深，以及必要的运动缓冲空间（见图 4-1）。

图 4-1 运动健身场地

(二)辅助用房

对于容纳人数较多的运动健身空间来讲，必须配备休息区或休息用房、洗手间、浴室、小卖部、餐厅、医疗室等辅助用房。

(三)管理用房

管理用房是指用于运动健身场所的日常管理和办公用房，以及设备用房、仓库等仅供内部工作使用的房间。

二、运动场地与环境要求

常见的运动健身场地及环境要求，在我们看来并不陌生。但还有一些运动项目对活动空间和场地环境都有较高的标准和要求。为便于初学者能够对运动健身空间有一个更全面的认识，在此将介绍一些较特殊的运动场地与环境要求。

(一)射箭场

在射箭场中，应设有休息区及相关的服务设施。射箭场地要求地势平坦，无障碍。全长约 120 米左右。在射箭靶的后方应设置挡墙。场地宽度依靶位多少而定。

(二)射击场

室内射击场应设于地下室等安全场所，其一般由射击靶棚、靶壕、侧向隔墙，以及射击靶后方挡墙组成。此外，还应设有休息区、枪支弹药保管和枪支修理等相关附属用房。

(三)自行车赛车场

室内自行车赛车场的周长以 250 米最为常见，以木质路面为最好。赛道平面是由两个直线段、两个圆弧线段和四个螺旋线形的过渡曲线段组成。为克服弧线运动时产生的离心力，在弯道部分均应设有坡度。在自行车赛车场中，应设有观众看台、休息用房和自行车的存放、修理房间。

（四）冰上锻炼运动场地

冰上运动包括速度滑冰、花样滑冰、冰上舞蹈和冰球等运动项目。

冰球场、花样滑冰场和短跑道速度滑冰场可兼用，通常的设置尺寸为长61米、宽30米。速度滑冰场的标准场地设置是由两条宽5米、周长为400米的封闭式跑道组成。在各类冰上运动场中，均应设有洗手间、更衣室、存衣室、休息室，以及租冰鞋、设备管理和储存等用房。

4.2 游泳馆空间环境设计

一、游泳馆的种类

游泳馆是用于游泳、跳水、水球等水上运动的专用场所。按使用功能的不同分为以下三种类型：

（一）比赛游泳馆

比赛游泳馆是作为游泳、水球、跳水等项目的竞赛、表演场馆，一般都设有观众看台，在日常时可作为运动员的训练场地（见图4-2）。

图4-2　比赛游泳馆空间

（二）专业训练游泳馆

专业训练游泳馆是专供运动员进行训练的场馆，均设有各类游泳池和跳水设备等。

（三）室内公共游泳馆

室内公共游泳馆是供游泳运动爱好者进行锻炼、游乐、休闲、医疗之用的场馆。

二、游泳馆空间室内设计要点

由于游泳馆空间的经营方式、坐落地点及场馆种类的不同，在功能规划、泳池设计、设施与设备等方面也会有所不同。在游泳馆空间的室内设计中，一般应满足以下三个方面的要求：

（一）功能规划要求

1. 功能布局与人流活动路线组织合理

游泳馆空间的功能布局要对运动者、观众及管理工作这三大部分进行合理的功能分区，且应保证各大部分之间的人流活动路线互不干扰。

2. 合理设置游泳池

游泳馆空间的游泳池一般包括比赛池、练习池、跳水池、水球池、综合池、儿童池、海浪池等设置形式，要根据具体条件和使用性质进行合理搭配。

3. 合理安排看台位置

比赛用游泳馆的观众看台，一般布置在比赛池和跳水池的一侧或两侧，观众看台的位置选择，应避免因水面产生的眩光而影响到看台观众的观看效果（见图4-3）。

图4-3 游泳馆的看台位置

4. 区域划分应干、湿分离

在游泳馆中，进出游泳池空间的动线组织必须考虑到干、湿分离，并在游泳池的湿区走道部分铺设防滑地面材料。

5. 合理组织游泳池的进入动线顺序

为了避免外来的尘土等不洁之物被带入到游泳池内，在进行游泳池空间的功能规划时，必须以脱鞋→更衣→如厕→淋浴→浸脚→入池的人流动线顺序进行功能上的合理设置，以确保游泳池内的池水清洁。

6. 合理设置消防疏散及货运通道

在游泳场馆内必须设置消防救援、救难、紧急避难等的应急疏散通道，同时还要合理设置通向水处理机房的货车通道，并应方便货品的搬运。

7. 设立紧急救助医务室

在游泳馆的湿区内，临近游泳池的区域附近，必须设置一处医务室，以备紧急救助之用。

（二）游泳池设计要求

1. 游泳池的尺寸

比赛游泳池的国际标准尺寸为长 50 米，宽不小于 21 米，水深在 1．8 米以上。池内设 8 条泳道，并装设出发台、自动计时器、浮标、道绳和观察窗等。跳水池的尺寸取决于跳台的类型，跳台高度分别有 3 米、5 米和 10 米三种。儿童游泳池的最大深度应小于 1 米，周长应大于 4.5 米。

2. 娱乐用游泳池

娱乐用游泳池的设置与正规的体育比赛游泳池有所不同，其大小、形状、深浅等都可能由于具体条件和功能要求的不同而发生变化（见图 4-4）。

图 4-4　娱乐用泳池空间

3. 对游泳池的设计要求

游泳池的设计尺寸必须符合相关标准。各种设备和装修构造必须确保游泳者的人身安全。游泳池的池身一般采用钢筋混凝土结构。简易的游泳池也可采用砖石结构。有些小型的游泳池可采用铝合金结构，或采用在混凝土、钢、木制池壁内铺装塑料里衬的处理工艺。

4. 创造良好的游泳馆声学环境

在进行游泳馆室内设计时，既要最大限度地降低室内环境噪声，也要要处理好音响效果。可通过一定的装饰设计手段来有效缩短各种声音的混响时间，以创造出良好的游泳馆声学环境。

（三）设施及设备要求

在进行游泳馆的设备及设施设计时，必须保证游泳池的水质符合国家卫生标准。在水处理方面，可采用循环过滤供水系统，将已污染的池水持续抽出，经净化、消毒、加温后再放回池中；对于小型游泳池，也可采用对人无害的药物灭菌、沉淀、吸污的水处理方法。

三、游泳馆空间环境设计实例

游泳馆空间的室内环境装饰设计是艺术设计与工程技术的综合体现，应注重功能划分与整体布局的合理性、实用性和安全性。从游泳馆空间的使用性质来看，在人流动线组织，干、湿分区和入池顺序安排等方面就显得尤为重要。在游泳馆的设备与设施布置上，应满足日常的维护和管理要求。为便于初学者进行游泳馆空间环境装饰设计的学习和思考，可通过图 4-5 ~ 图 4-7 来开展有关设计方面的分析和讨论，以促进对课堂知识的进一步深化理解。

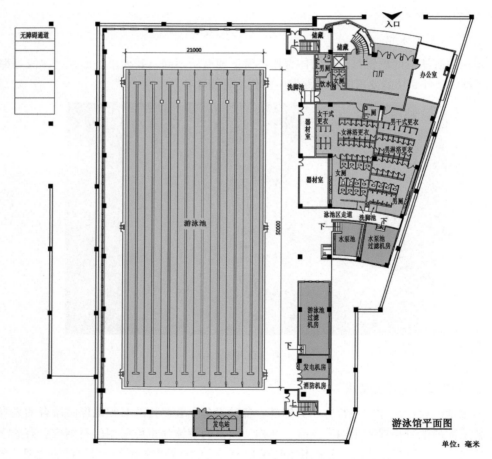

游泳馆平面图

单位：毫米

图 4-5　大学校园游泳馆室内布局平面图

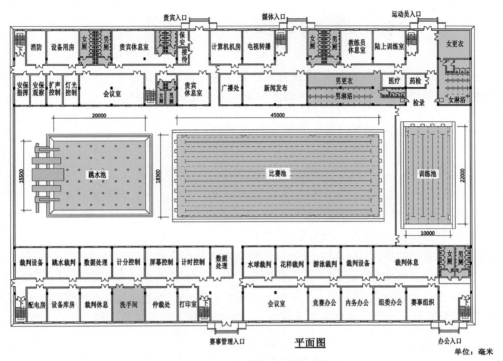

图 4-6 小学校园游泳馆功能划分与布局图

图 4-7 美国德克萨斯州圣安东尼奥游泳馆

4.3 健身浴室空间环境设计

洗浴已从单纯的清洁身体发展成为一种集洁身、休闲、健身为一体的生活方式。洗浴的种类很多，目前主要有桑拿浴、按摩浴、氧化浴，及日光浴和水疗等。

一、各类健身洗浴的基本特点

（一）桑拿浴

桑拿浴是以高热干燥的空气促使人的肌肉松弛、毛孔扩张、血液循环加速、并通过汗液来带动体内有毒成分的排出。

桑拿浴有多种分类方式，现简要介绍如下。

（1）根据加热原理的不同，可分为干蒸桑拿浴和湿蒸桑拿浴两种形式。

（2）根据洗浴文化的不同，又可分为芬兰浴、土耳其浴、韩式汗蒸等不同形式。

（3）根据加热材料的不同，又可分为干蒸类，如远红外光波房、生物频谱能量屋和汗蒸房等；湿蒸类，如芬兰桑拿浴（桑拿石）、土耳其桑拿浴（蒸汽）等。

（二）按摩浴

按摩浴是使用压力喷射水柱冲击或按摩人体特定穴位，可有效放松神经，缓解肌肉疲劳，恢复活力。

（三）氧化浴

氧化浴是利用空气和急速水流产生大量氧气，以供应人体细胞及氧化脂肪的需要，可起到减肥、携走有毒物质的作用，也有利于身体健康。

（四）日光浴

日光浴是以技术手段模拟日光，并利用低温出汗技术、光按摩技术，达到扩张血管、加速血液循环、增加供养、燃烧脂肪、锻炼心脏等健身效果。日光浴通常与冷水浴、空气浴等结合使用。

（五）水疗

水疗（也称SPA）属于一种物理疗法，按其使用方法不同可分为浸浴、淋浴、喷射浴、漩水浴、气泡浴等；按其温度不同，可分为高温水浴、温水浴、平温水浴和冷水浴；按其所含药物不同，可分为碳酸浴、松脂浴、盐水浴和淀粉浴等理疗类型。

二、健身洗浴空间功能分区与要求

（一）健身洗浴空间的功能分区

健身洗浴空间主要由接待区、干身区、湿区、休闲区及内部人员工作区等几部分组成。在进行洗浴空间的功能分区时，必须注重各功能区之间的相互关系及人流动线组织的合理性、便捷性及安全性，整体布局要避免相互干扰和不利于管理的问题出现（见图 4-8）。

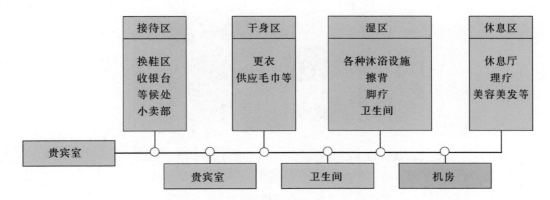

图 4-8 洗浴空间功能组织与位置分布图

（二）健身洗浴空间的功能要求

健身洗浴空间的功能设置必须根据营业项目的市场需求、经营模式、消费群体特点，以及服务特色和行业要求等进行功能设定和布局。同时，还要根据健身洗浴项目的文化需求、风格体现、审美取向等方面进行相关空间的气氛营造，以满足消费者的精神需求。一般来讲，健身洗浴空间的功能设置内容主要包括收银台、等候区、换鞋处、干身区、湿区、休息厅、理疗间，以及贵宾室和美容美发等功能区。现将以上各功能区的设计布局与要求分别做以下简要介绍。

1. 收银台

在健身洗浴空间中，收银台的功能通常都具有总服务台的性质，应设于健身洗浴空间的厅堂入口处，以满足经营和服务的需要。

2. 等候区

等候区是为消费者提供相互等候的临时休息区域，一般与过厅兼用，应设置休息座和出售饮料、茶水等的柜台。

3. 换鞋处

健身洗浴空间中的换鞋处一般都设在入口区域，并距离服务台位置较近，以满足管理和服务的需要。换鞋处主要是为消费者提供换鞋、擦鞋，以及小件寄存等服务，通常需要设置专用的服务台、换鞋座、鞋架等家具和设施。

4. 干身区

干身区是洗浴空间中比较重要的一个功能区，在进行整体布局时，必须处理好干身区与其他各功能区之间的相互关系，并确保人流动线组织合理有序，应绝对避免干身区与其他各功能区产生干扰（见图 4-9）。

图 4-9 洗浴空间干身区（更衣室）

在健身洗浴空间中，对消费者来说，各功能区的使用流程应为：进入接待区→干身区→湿区→干身区→休息厅→干身区→休息区的功能流程。

5. 湿区

在健身洗浴空间中，湿区和干身区的面积之和，一般应占男女洗浴空间总面积的30%左右。在湿区的功能设置中，一般包括淋浴、浴池、桑拿房、蒸汽房、按摩浴池等洗浴设施。另外，在有的湿区中，还会设有擦背、修脚等服务，此类服务一般都设在靠近淋浴区的位置。

6. 休息厅

在健身洗浴空间中，休息厅是为消费者提供的用于洗浴后进行休息的场所。休息厅的占地面积一般较大，约占男女洗浴总面积的40%。通常设有电视机、投影屏幕、休息座位、躺椅，以及饮料和食品服务台等。

7. 理疗间

在健身洗浴空间中，理疗间又称为按摩间，其使用面积应不小于6平方米，应配备两张以上的按摩床位，且按摩床之间不允许设置隔墙、隔断、屏风等物，门扇上必须开设管理用观察口。

8. 贵宾室

在健身洗浴空间的贵宾室中，要提供专用的淋浴房、桑拿房、按摩浴缸，以及休息间等服务设施（见图4-10）。

图 4-10 VIP 浴室

9. 美容、美发

现代的美容、美发服务已经从单一的理发和美发，逐步转向面部和全身的美容，甚至还将减肥和局部的美容整形等服务项目也纳入其中。

三、健身洗浴空间环境设计实例

在健身洗浴空间中，必须合理设定各区域的人流动线，并将动与静、干与湿的过渡关系处理好，要避免人流动线的交叉和相互干扰。在空间处理和洗浴环境的营造上，应根据各类洗浴的特点、地区文化、消费层次、审美需求等进行合理创意（见图4-11 ~ 图4-14）。

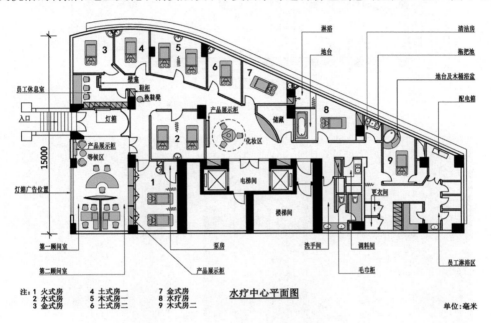

注：1 火式房　4 土式房一　7 金式房
　　2 水式房　5 木式房一　8 水疗房
　　3 金式房　6 土式房二　9 木式房二

水疗中心平面图

单位：毫米

图4-11 水疗中心平面图

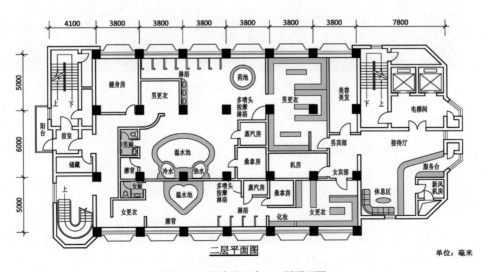

二层平面图

单位：毫米

图4-12 健身洗浴中心二层平面图

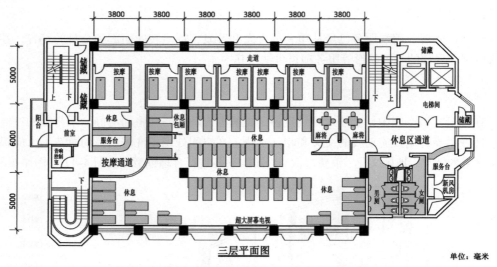

图 4-13 健身洗浴中心三层平面图

图 4-14 酒店水疗中心

4.4 球场空间环境设计

一、球类运动的场地分类

球类运动场地,若按使用功能的不同,可分为篮球场、网球场、羽毛球场、排球场、乒乓球场、门球场、棒球场、垒球场、曲棍球场、橄榄球场、高尔夫球场、冰球场、壁球馆等多种场地。

本节仅对篮球、排球、羽毛球、网球、乒乓球、桌球、壁球、保龄球等空间与环境装饰设计相关的内容做一下简要介绍。

二、球类运动场地的设计要求

（一）篮球场地

1. 尺寸要求

篮球比赛场地应是一个长方形，且无障碍物的坚实地面。正式比赛场地的长度为 28 米，宽度为 15 米（见图 4-15）。

在篮球场地边线与周围近端处至少要有 2 米的无障碍区（篮球架除外）；篮球馆的天花板及场地上空最低障碍物的高度至少应为 7 米；一般比赛或教学训练用的篮球架，可放置在距篮球场端线外沿 2 米的界内地区，篮球架的支柱部分必须采用软质材料包裹。

2. 照度要求

篮球比赛场地的灯光照度，至少应设定为 1 500 勒克斯，这个光度数值要从球场的上方 1 米处来进行测量。

（二）排球场地

1. 尺寸要求

排球比赛场地为长方形，其长度为 18 米，宽度为 9 米，四周至少要留有 3 米的无障碍区（见图 4-15）。

排球场地上空的无障碍空间高度至少应为 12.5 米。排球场的球网立柱应固定在两条边线外 0.5 ~ 1 米的地方，禁止使用拉锚绳安装网柱，必须排除一切危险或障碍物。此外，设在室内的排球场地，必须使用浅色地面。

2. 照度要求

国际排联世界性比赛的室内灯光照度，要在距离地面 1 米高度的位置进行侧量，可为 1 000 ~ 5 000 勒克斯。在排球场地的室内环境装饰设计中，灯光设备的安装及照明方式不可对运动员的视觉造成不利影响。

（三）羽毛球场地

1. 尺寸要求

羽毛球场地是一个长方形，其长度为 13.4 米，宽度尺寸是单打为 5.18 米、双打为 6.1 米。在羽毛球场球场的四周 2 米以内，上空 9 米以内不允许有任何障碍物（见图 4-15）。

2. 照度要求

羽毛球场地的灯光设置及布局方法共有两种：一种是采用点光源照明，分别安装于每一羽毛球场地两侧的网柱上空，且无需安装任何反射装置，灯光照度总计要在 400~500 勒克斯；另一种是采用日光灯带照明，安装方式要求与球场的边线平行，且每组日光带的总体长度均应相同。在专用的室内羽毛球场地中，墙面和天花板均应采用暗色调的装饰材料。

（四）网球场地

1. 尺寸要求

网球场地由运动地面、围护网、灯光、球网、球网固定柱，以及休息椅和计分设备等组成。网球场的双打场地尺寸为长 23.77 米、宽 10.97 米，单打场地尺寸为长 23.77 米、宽 8.23 米；在网场地的缓冲边线外 3.66 米以内，应无任何障碍物；网球馆天花板或场地上空的最低障碍物高度不应小于 11.50 米（见图 4–15）。

2. 照度要求

室内网球场地的照明，要避免直射光线使网球场地中出现眩光干扰。休闲娱乐用网球场馆的水平照度应大于 300 勒克斯，国际或国内比赛用网球场馆的水平照度应大于 750 勒克斯。

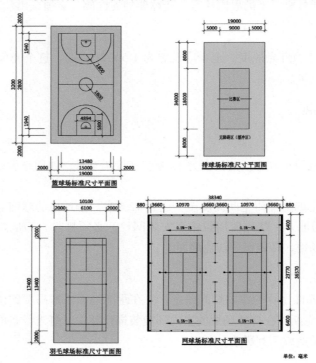

图 4–15　几种球场的设计尺寸平面图

（五）乒乓球场地

1. 乒乓球台的尺寸

乒乓球台的尺寸为高 0.76 米、长 2.74 米、宽 1.525 米，颜色应为墨绿色或蓝色。

2. 乒乓球比赛场地的设置要求

乒乓球比赛场地应设有 4 张或 8 张球台，每张球台的场地面积为 8 米 × 16 米，天花板高度不低于 4 米。同时，还包括球台旁的通道、电子显示器，以及运动员坐席等区域。

3. 乒乓球场地的照度要求

在乒乓球比赛场地中，其照度要求应为 1 500～2 500 勒克斯，且所有球台的照度应保持一致。在乒乓球比赛场地的四周，一般应采用较深的颜色，观众席的照度应明显低于比赛区。

4. 乒乓球场地的地面要求

乒乓球场地的地面铺设材料应具有一定的弹性，一般为木制或可移动塑胶地板。乒乓球场地的地板颜色不能太浅或反光强烈，可为红色或深红色。

（六）桌球场地

1. 桌球的分类

桌球也叫台球，桌球的打法以斯诺克最为普遍（见图 4–16）。

图 4–16　桌球场地

桌球流行于世界各国，其分类的方法，可以从国度、有无袋口，以及台球的击球技巧等方面进行。

（1）按国度划分　可分为法式台球、英式台球、美式台球、中式斯诺克台球。

（2）按有无袋口划分　可分为落袋台球、开伦台球。

（3）按规则及打法划分　可分为斯诺克台球、8 球、9 球、14–1 台球、15 球积分、3 球开伦、4 球开伦等。

2. 桌球的基本尺寸

（1）斯诺克台球又称英式台球、落袋台球。台球桌尺寸为长 3 820 毫米、宽 2 035 毫米、高 850 毫米。

（2）美式台球又称落袋台球。台球桌尺寸为长 2 810 毫米、宽 1 530 毫米、高 850 毫米。

（3）花式九球台球桌的尺寸为长 2 850 毫米、宽 1 580 毫米、高 850 毫米。

在台球场地布置球桌时，每张球桌的四周一般应留出 1.5 米的打球区域，并设置休息座位和几桌，以及球杆架和计算器。

3. 桌球的照明

桌球灯属于体育运动专用照明器材，宜吊装在球台的正上方距离台面750～800毫米处。

（七）壁球场地

1. 尺寸要求

壁球是二人轮流将球打向墙壁的室内运动，壁球场地由四面墙壁围合而成，要求前墙高、后墙低、侧墙以红线标示斜线。壁球场地的尺寸要求为宽6.4米，长9.75米，前墙高度4.57米，后墙高度2.13米，天花高度5～6米，响板高度0.48米，正面发球线高度为1.83米，地面发球线距离后墙为4.26米，半场线将地面发球线与后墙从中心向左右平分，发球区为1.6米×16米（见图4-17）。

图4-17　壁球场地

2. 材料要求

壁球场地的墙体表面为6毫米厚树脂基体；地板为22毫米厚的中国东北或加拿大枫木地板；后墙一般采用12毫米厚的钢化玻璃墙体。

（八）保龄球场地

保龄球又称地滚球。标准的保龄球道，由助跑道、滚球道、球瓶区三部分构成。保龄球道的材质一般采用漆树或松树的板材制成。助跑道长度为4.57米，宽度为1.52米；球道长度为19.15米，宽度为1.042～1.066米，犯规线到1号球瓶的距离为18.26米。计分器一般采用彩色电脑计分系统，有架空屏幕和台式屏幕二种显示方式可供选择。球员休息座椅的排列方式，应以实用为主，且要进行适当的变化。保龄球场的前厅面积较大，一般应设置更衣、饮料、小吃等服务设施，以供运动前的准备或休息之用。保龄球场的上空顶棚高度一般约为3.6米。

三、球场空间环境设计实例

在球场空间的室内环境装饰设计中，必须根据运动项目的市场定位、使用人群的消费特点和需要来进行相关功能的设置，要避免程式化或概念化的盲目选择方式。

　　以下为几种球类活动场地的设计图和实景图片，可供初学者在专业学习过程中进行相关知识的进一步深化与理解，并逐步过渡到独立思考和解决应用问题的实践中来（见图4-18～图4-23）。

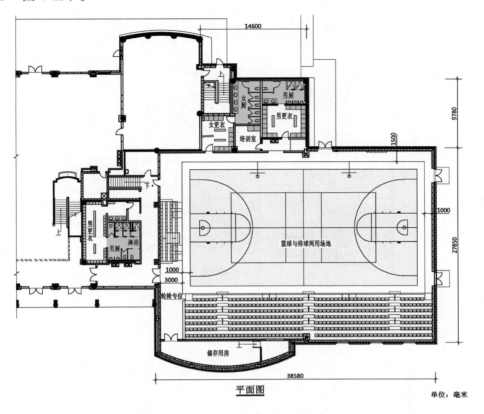

图 4-18　篮球与排球场地平面图

图 4-19　美国犹他州酒店地下台球厅

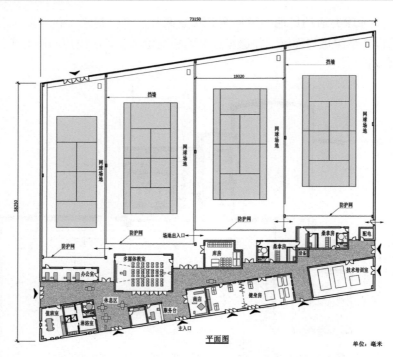

图 4-20 瑞典室内网球馆平面图

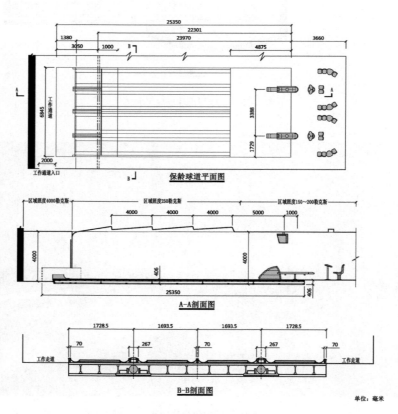

图 4-21 保龄球馆赛道平面及剖面图

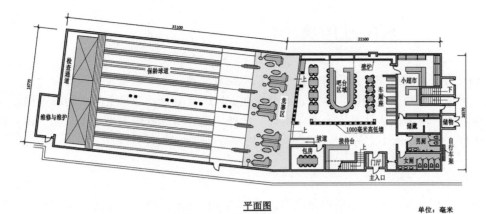

<u>平面图</u>

单位：毫米

图 4-22 小型保龄球馆平面图

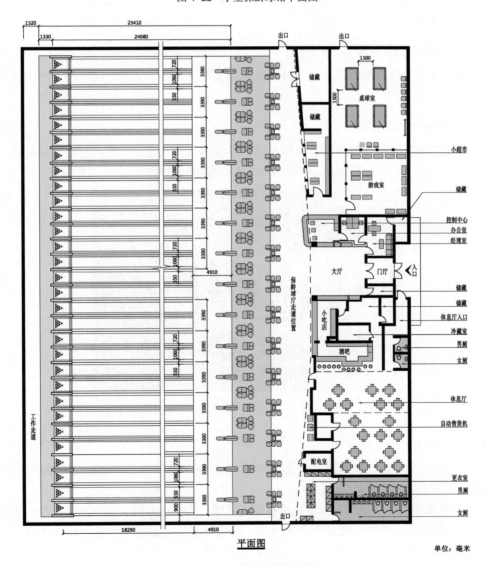

<u>平面图</u>

单位：毫米

图 4-23 大型保龄球馆平面图

4.5　健身空间环境设计

健身房又名健身室，是健身空间中的基本构成要素，通常配备专业用健身器材。健身房通常可设立于宾馆、会所、学校、大型企业、社区会堂等。健身空间的附属设施，一般包括更衣室、淋浴间、休息室、康乐室等。此外，也有将健身房附设于游泳馆、体育馆、跆拳道馆，以及康体中心等处，并提供教练指导等训练服务。

一、健身空间的类型划分

通过了解健身空间的类型划分内容，我们能够更好地从不同角度来认识健身空间的本质及特征。对健身空间的类型划分，可以从消费档次、区域地点、健身项目、运动特点这四个研究方向进行。现分别介绍如下。

（一）按消费档次划分

若按健身空间的消费档次不同，可分为豪华型健身空间、普通型健身空间和大众型健身空间。

（二）按区域地点划分

若根据健身空间所在的区域、地点不同，可分为商务区设立的健身空间、社区设立的健身空间、酒店内设置的健身空间、公司内部人员专用的健身空间等（见图4-24）。

图4-24　社区健身房空间

（三）按健身项目划分

若按照健身空间的培训项目不同，可分为综合健身空间和单项健身空间（如瑜伽、舞蹈、跆拳道、健身球等）两种类型。

（1）在综合健身空间中，一般提供有氧健身器、力量健身器、自由力量健身器等多种专业设备，并设置多种健身操的有氧体操房、静态体操房（如瑜伽、普拉提等项目），有的还开设游泳、羽毛球、乒乓球等活动内容，甚至还会开设美容、理疗等服务内容，能够满足消费者的多种健身需要。

（2）在单项健身空间中，培训的内容应属于专业性更强的训练方式，往往是将一种健身项目分成不同的级别进行培训，如瑜伽、跆拳道等健身项目的分级培训方式。

（四）按运动特点划分

若根据健身空间的运动形式及特点不同，可分为器械健身空间（如单杠、举重、负重训练等）；体育健身空间（如网球、壁球、羽毛球、跳蹦床等）；有氧运动空间（如健康舞、踏板舞、健身自行车、跑步机等）。

二、健身器械的种类

健身房的健身器械多达近百种，但归纳起来，大致可分为三种类型，即全身型健身器械、局部型健身器械、小型健身器械。现分别介绍如下。

（一）全身型健身器械

全身型健身器械，属于综合型的训练设备，可同时供多人在一台器械上进行循环性或选择性练习，此类器械的体积较大，如五人用综合训练器的尺寸为 2.2 米 ×2.4 米 ×2.1 米。

（二）局部型健身器械

局部型健身器械，如健身自行车、划船器、楼梯机、跑步机、小腿弯举器，以及重锤拉力器和提踵练习器等，多属专项训练器，其结构小巧，占地面积约在 1 平方米，多数能够折叠摆放。

（三）小型健身器械

小型健身器械，如哑铃、壶铃、曲柄杠铃、弹簧拉力器、健身盘、弹力棒、握力器等。

三、健身空间的功能组成

健身空间的功能组成应与健身项目的市场定位、经营模式、服务特色，以及消费层次和服务对象等密切相关。在健身空间中，主要包括服务台、更衣间、淋浴室、练习室、休息室、洗手间等功能区域（见图 4-25），现分别介绍如下。

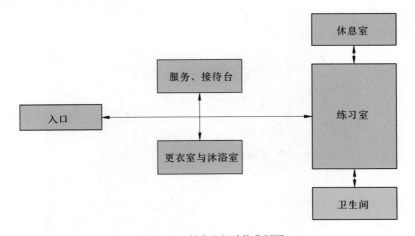

图 4-25　健身空间功能分析图

（一）服务台

健身空间的服务台应具备两种功能：其一是计时收费功能；其二是提供贵重物品的临时寄存和饮料等出售服务。

（二）更衣间与淋浴室

更衣间和淋浴室是健身空间中必备的功能设施。更衣室应设置个人物品的储物柜；淋浴室为非休闲洗浴之用，仅为健身运动者提供冲淋去汗的功能。

（三）练习室

练习室是以放置各种健身器械和进行健身运动为主要目的场所，在练习室的墙面或柱身上应设置镜面，以便运动者对自身的动作进行观察。对于专业的健身运动空间来讲，应设置有氧健身区、抗阻力力量训练区、组合器械训练区、趣味健身区、体操房、瑜伽房、体能测试室等功能区。

（四）休息室

休息室是供健身者在运动间歇时进行聚集、交流和短暂休息的场所。

（五）洗手间

在健身空间的洗手间中，应设有洗脸及化妆的区域，可为女性健身者提供方便。

四、健身空间的设计要点

（一）健身空间的环境要求

（1）在健身空间中，必须保证通风良好，机械通风与空调的设置都要确保空气质量达标，这是满足健身运动的基本条件。一般来说，健身空间不宜设在地下室内。

（2）地上场所的健身空间，人均活动面积应不少于 3 平方米；地下（半地下）场所的健身空间，人均活动面积应不少于 4 平方米。在健身空间内应设有机械通风装置。

（3）健身空间的环境装饰设计应简单、明快，墙面上要装有镜子，地面可铺设木地板或地毯。

（4）健身环境应宽敞明亮、光线柔和，室内净高度不应小于 2.6 米，音响和空调等设备要满足使用要求（见图 4-26）。

图 4-26　健身空间的环境特点

（二）健身空间设计

1. 健身中心的基本要求

标准的健身中心应包括以下内容。

（1）健身房的设备应可完成心肺功能锻炼（如健身单车、跑步机、划艇机等）及肌肉锻炼（如举重设备等）项目。同时还可包括作健身伸展练习的设备，以及健康舞的训练场地等。

（2）必须设有体能测试室，以便健身者在培训前进行检测。

（3）提供更衣室和淋浴间及洗手间。

（4）配备有桑拿房、蒸汽浴室、冷热水力按摩池及日光浴室。

（5）配备休息室及饮料供应处。

（6）设置按摩院、美容院及理发室。

（7）设有接待处、办公室及储物室。

（8）大型健身中心还应设置壁球场、网球场、泳池、游戏室（如乒乓球、桌球等）及护士室等。

2. 器械类健身空间设计要点

（1）器械类健身房的位置应设在接待处附近，使参观者能够一目了然，且又不会打扰使用者。

（2）在健身中心的入口附近，可设置健身伸展区，以方便来宾做健身前的体能热身运动。

（3）动感单车是一个特殊的项目，具有较强的展示性，一般将其设在最醒目的位置（见图4-27）。

图4-27 动感单车空间的环境特点

（4）必须确保健身房间及器械设备等数量充足，以避免健身运动者出现排队和等待等不利现象。

（5）在进行器械布置时，必须保证相邻器械的健身者在运动时彼此不会受到影响，并设定出有效的运动安全距离，以防止运动者之间由于惯性等原因产生冲撞现象。

（6）器材练习区的场地地面应为地毯、塑胶地面或硬质木地板。

3. 瑜伽健身空间设计要点

（1）瑜伽馆的设计创意应与当地的文化背景相联系，可使设计产生新意和共鸣。

（2）瑜伽健身课程的训练室，有常温教室（又称生态瑜伽教室）和高温教室两种，常温教室一般是高温教室面积的 2 ~ 3 倍。在高温教室中需要安装室内加温设备。

（3）高档的瑜伽健身场所面积应在 300 平方米以上。应有生态瑜伽教室、高温瑜伽教室、休闲聊天区、前台接待区、会员更衣室，以及独立淋浴房和卫生间等功能设置。生态瑜伽教室的面积应在 100 平方米以上，高温教室的面积应在 60 ~ 80 平方米。高档瑜伽会馆的整体装饰风格应取材于印度文化。

4. 舞蹈与体操类健身空间的设计要点

（1）在健康舞的训练室中，地面宜采用枫木弹簧地板，内置音箱和广播喇叭箱等设备，使地面能够伴随着音乐的节拍震动。同时要求配备空调、墙面镜、饮水喷泉，以及高频音响和电视系统等。

（2）体操类健身空间的净高度，是根据体操运动中最高的吊环项目（5.8 米）来确定的。一般情况下，体操馆的室内净高应为 6.3 米。

（3）体操类的训练场地应做好声学处理，以避免混响时间过长干扰训练。

（4）在健身操的领操台后墙处应装有大型玻璃镜，以增强健身空间的视觉效果。

5. 跆拳道健身空间的设计要点

（1）在跆拳道的训练场地中需安装平面镜，以便纠正练习者的腿法姿势。

（2）跆拳道的训练场地，应设置主训练场和特技训练场两个区域。其地面应铺设专用地垫。

（3）正规的跆拳道场地为 8 米 × 8 米的正方形，其周围还需留有 1 ~ 2 米的安全缓冲区。

五、健身空间环境设计实例

健身空间的环境装饰设计，必须做到市场定位准确，应根据经营模式、消费群体需求、地区文化特色，以及时代感等方面，进行合理的功能规划。在环境装饰方面，力求简洁大方，以突出使用功能为设计重点，应避免盲目或过分的美化及装饰。

为便于初学者对健身空间环境装饰设计的学习与思考，可通过图 4-28 ~ 图 4-34 进行有关设计方面的分析和评价，以有效促进课堂知识的进一步深化。

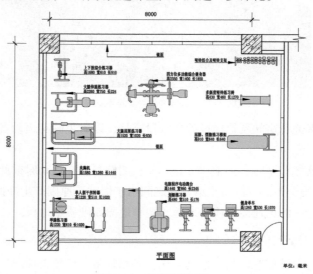

图 4-28　健身室平面图

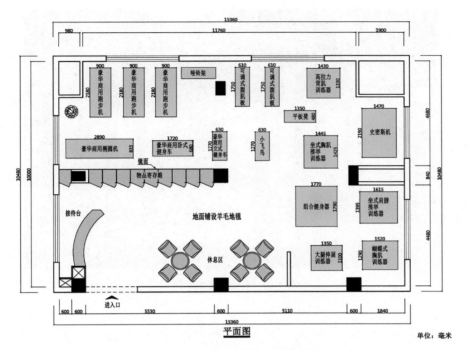

图 4-29 酒店健身房平面图

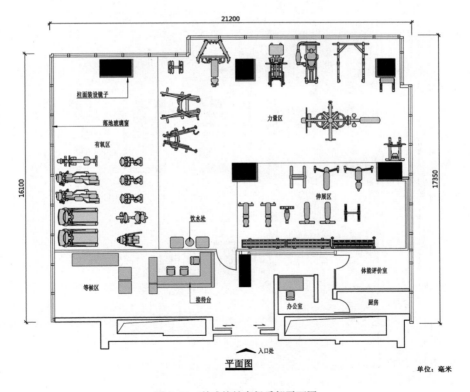

图 4-30 科威特健身俱乐部平面图

图 4-31 科威特健身俱乐部

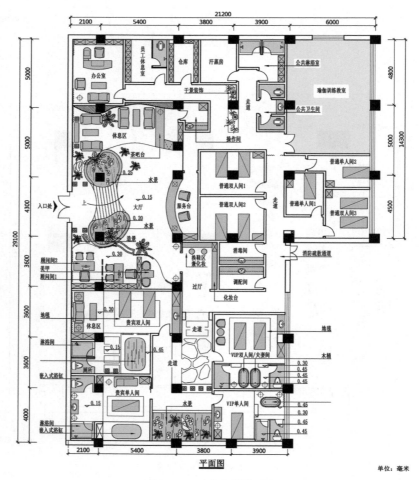

平面图

单位：毫米

图 4-32 瑜伽会所平面图

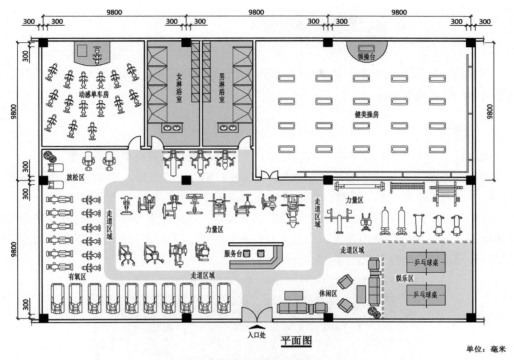

图 4-33 中型健身馆平面图

图 4-34 跆拳道馆

4.6 保健按摩空间环境设计

保健按摩空间是人们为了达到消除疲劳，调节体内循环变化，增强体质，健美防衰和延年益寿的休闲保健场所。

一、保健按摩的种类

保健按摩主要包括减肥按摩、美容按摩、美发按摩及沐浴按摩等服务种类。

若根据按摩方式与技术的不同，可将保健按摩归纳为泰式按摩、日式按摩、欧式按摩、韩式按摩、港式按摩、热石按摩、健康按摩、触摸按摩、淋巴按摩等九大按摩方法。

保健按摩空间的室内环境设计必须根据保健按摩的具体种类及环境要求，从功能设置、空间组织、动线划分、室内布置，以及按摩师的操作范围等诸多方面，进行有针对性的统筹规划并突出经营特色（见图 4-35）。

图 4-35 足疗保健按摩空间

二、保健按摩空间的主要家具与设备

保健按摩空间的家具与设备，主要包括必备家具和物品、办公设备、按摩用品、按摩设备、安防设备等几个方。现简要介绍如下。

（一）家具物品

家具物品主要包括吧台、储物柜、沙发座椅、茶几、滑轮椅、房间钟表、饮水机、人体穴位挂图、物品摆放架、展示架等。

（二）办公设备

办公设备主要有电脑、打印机、复印机等。

（三）按摩用品

主要包括拔罐器、耳烛、按摩油、足疗药粉、各式中医药膏、玫瑰干花、红木浴足桶、热石、玉石、宝石、水晶、刮痧板、药棉，工作托盘、分装推油瓶、消毒皂、收纳筐、大小垃圾桶、纸巾盒、纸巾、工作桶等。

（四）按摩设备

按摩床是保健按摩房中的最基本设备,广泛用于足浴店、美容院、理疗医院、浴场等场所。常用的按摩床种类和尺寸规格如图4-36所示。

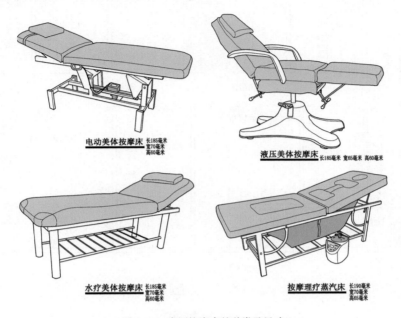

电动美体按摩床 长185毫米 宽70毫米 高60毫米

液压美体按摩床 长185毫米 宽65毫米 高60毫米

水疗美体按摩床 长185毫米 宽70毫米 高60毫米

按摩理疗蒸汽床 长190毫米 宽70毫米 高65毫米

图4-36　常用按摩床的种类及尺寸

（五）安防设备

安防设备主要有摄像头、报警器、灭火器、应急灯等。

三、按摩房的设计要求

保健按摩空间的室内环境装饰设计必须遵守按摩行业的有关管理和规定,在按摩房的设计中应符合以下要求。

（1）按摩房内必须架设闭路电视监视系统;

（2）按摩房间的门上不能安装门锁;

（3）在保健按摩服务场所的室内墙、门上应装有透明玻璃窗,确保从室外向内观察无死角,不得装有妨碍视线的门罩、窗帘及影响视线的贴纸或图案等遮挡物;

（4）保健按摩服务场所的按摩房内不得安装调光开关。

四、保健按摩空间环境设计实例

保健按摩空间应根据经营模式、经营项目、服务人群,以及行业特点和管理要求等方面进行设计。以下提供的保健按摩空间室内环境装饰设计实例,主要是为了使专业理论知识能够逐步转化成为一种设计方面的能力,从而指导实践并解决实际应用问题（见图4-37 ~ 图4-41）。

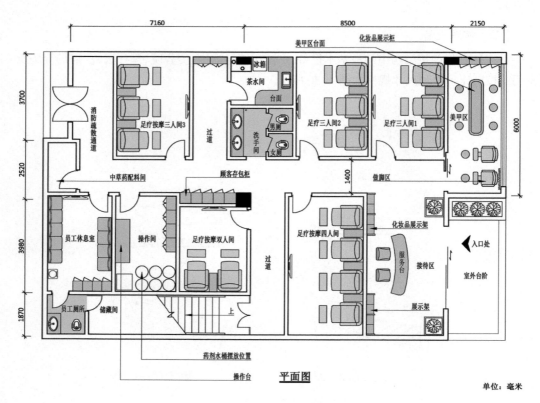

图 4-37 小型足底按摩馆平面布置图

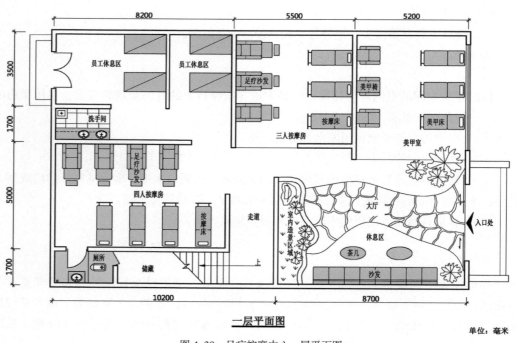

图 4-38 足疗按摩中心一层平面图

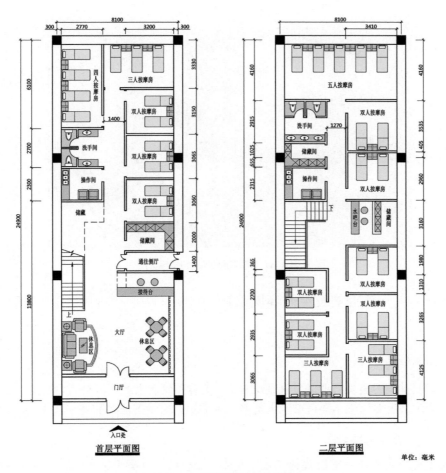

图 4-39 保健按摩会馆平面图

图 4-40 加拿大泰国健康中心按摩房

图 4-41　美国明尼苏达州按摩会所

4.7　美容美发空间环境设计

一、美容美发店的分类

从中国目前美容美发行业的发展情况来看，美容美发店大致可以分为发廊型、沙龙型、治疗型、休闲型、专门型、会员型六大类型。现分别来做一下简要的介绍。

（一）发廊型美容美发店

发廊型美容美发店一般设置两三张理发椅、美容床。这类小店主要开设在普通的社区附近。

（二）沙龙型美容美发店

沙龙型美容美发店一般都具有宽敞的场地、美观的装饰及优雅的环境，同时也拥有技术精湛的主理的美容师（见图 4-42）。

图 4-42　美发沙龙的空间环境

（三）治疗型美容院

治疗型美容院（不包括外科整形）与医院中皮肤科的美容部十分相似。

（四）休闲型美容美发店

休闲型美容美发店，通常设在宾馆、健身房、夜总会、游泳馆等附近，主要提供美容美发和配套的按摩服务等。

（五）专门型美容院

随着美容市场的进一步细分，目前常见的美容专门店有减肥(瘦身、纤体)专门店、SPA 水疗中心、香水加油站、美甲店、色彩咨询工作室、形象设计(造型)工作室、彩绘店、牙齿美容店、男士美容院等。

（六）会员型美容美发店

会员型美容美发店的共同特征是整体规模较大，以会员制的模式进行经营，对店内的空间布局、环境装饰及现场管理水平等均要求较高。

二、美容美发空间的发展趋势

在美容美发行业的综合一体化方面，比如可附设商务洽谈室，提供电脑网络、吧台、谈判桌，并配备自助餐等服务，当顾客需要等候较长时，可在店内办公或约谈客户。在美发美容行业之中，融入商务、餐饮等服务内容，将是今后美容美发行业发展的新趋势。

三、美容美发空间的功能设置与布局要点

（一）美容美发空间的功能设置

美容美发空间的功能设置，一般包括接待收银、休息等候、顾客物品存放、理发、洗发、烫染、美容按摩、洗手间，以及员工休息和美容美发用品存放等功能区（见图 4-43）。

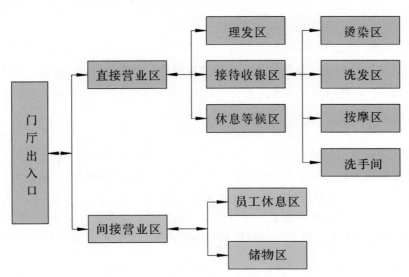

图 4-43　美容美发空间功能分析图

（二）美容美发空间的布局要点

美容美发空间的功能布局会由于美容美发的经营模式和服务项目等不同，出现功能设置方面的差别。现将美容美发空间的布局要点介绍如下。

1. 接待收银区

美容美发空间的接待台是顾客进入店内首先接受服务的空间，也是最能向顾客展示本店形象的一个重点区域。因此，接待收银区的设计，应体现出时尚感、个性化及宾至如归的温馨气氛。

2. 休息等候与顾客物品存放区

美容美发空间的顾客等候区，应与顾客接待和理发区的位置相距较近。顾客等候区应营造出一种休闲、安静的舒适气氛。在此区域内还可设置顾客的随身物品存放柜、报刊阅览及水吧等内容。

3. 理发区和烫染区

把理发与烫发、染发这两个功能区同时设置在一处，既可节约空间，又可减少顾客的频繁走动。

4. 洗头区

在美容美发空间中，通常都将洗头区域布置在整个美容美发空间的最里端，并营造出一种舒适安静的洗发氛围。在区域照明方面，宜采用光线柔和的光源，使顾客的身心能得以放松。

5. 按摩区

在美容美发空间的按摩区内，宜适当设置一些简单的隔断或屏风，这样不仅可以有利于保护顾客的隐私，也会使顾客的心情感到放松。

6. 员工休息区

美容美发空间的员工休息区应整洁大方，以浅色调为主。

7. 美容美发用品存放等区

可在美容美发空间中，适当设计一些展架和展柜，这样不仅可以形成储物空间，同时还可以成为造型墙，既装饰了空间，又节省了使用面积。

四、美容美发空间环境设计实例

在进行美容美发空间的创意时，可把经营主项目所涉及的相关事物作为造型设计的取材来源，并要体现出行业特点和品牌形象特征，以给顾客留下深刻的印象。美容美发空间的创意与设计，应突出地区特色、行业特色及时代感。

为便于对美容美发空间环境装饰设计的学习与思考，可通过图 4-44 ~ 图 4-47 进行有关设计方面的分析和评价，并从中总结出规律性的认识，以促进课堂知识的进一步深化。

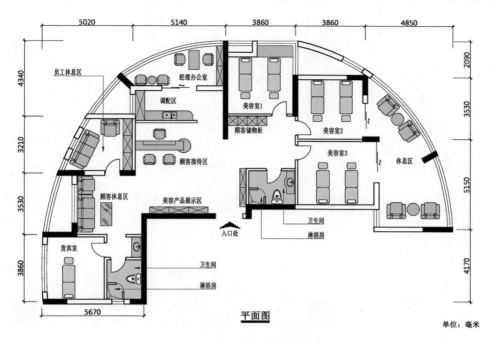

图 4-44 美容院平面图

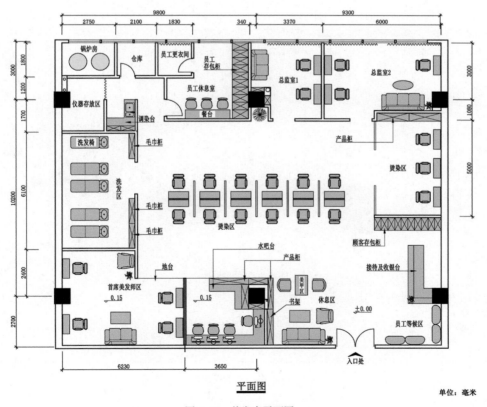

图 4-45 美发店平面图

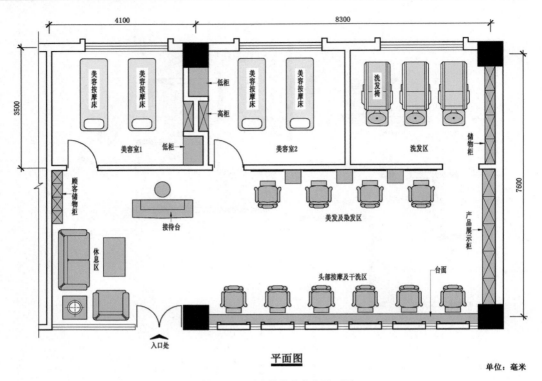

平面图

单位：毫米

图 4-46 酒店美容美发室平面图

图 4-47 发型设计店

思考题与习题

1. 大量收集运动健身空间的设计图片，并进行设计分类和评价。

2. 简要叙述运动健身空间的基本组成应包括哪些基本内容。

3. 举例说明，运动健身空间的场地和环境要求，并结合实际来谈一谈在装饰设计中应注意些什么。

4. 游泳池空间的动线组织应注意些什么？

5. 参观体育馆，并从功能分区、空间处理、设计优缺点等方面写出个人的见解和体会。

6. 洗浴空间一般由哪几部分区域组成？各区域的功能和基本内容是什么？

7. 简要说明洗浴空间的功能分区一般都包括哪些内容。

8. 针对洗浴空间设计开展市场调查，主要从功能划分上来说一说本次调查的收获和体会。

9. 对本地区的健身空间环境装饰设计进行现场调查，从功能设置和区域划分方面，谈一谈本次调查的收获和启发。

10. 简述健身空间的功能组成都包括哪些内容。

11. 器械类健身空间的设计要点都有哪些？

12. 针对瑜伽健身空间设计进行市场调查，并从功能分区、设计风格及装饰材料的使用方面进行设计总结。

13. 针对美容美发空间设计开展市场调查，应收集收集不少于三种经营方式的平面布局形式和主要功能区设计的现场照片，并结合本次调查写出个人的收获与体会。

14. 说一说美容美发空间设计的功能组成应包括哪些内容。

15. 简要叙述美容美发空间的设计要点都包括哪些方面。

16. 根据美容美发空间的有关设计知识，谈一谈收银服务台区域的设计要点，并画出平面图和空间效果透视图。

第五章
文化娱乐空间环境设计

学习目标及基本要求

熟悉当前文化娱乐空间的设计概况，了解文化娱乐项目的基本表现形式及相关内容；理解文化娱乐项目与环境要求之间的相互关系，以及空间形态、材料选用等与行业特殊性的联系。掌握化娱乐空间的基本概念、类型、功能划分和设计要点，能够灵活运用有关设计理论知识分析和解决实际问题。

学习内容的重点与难点

重点是文化娱乐空间的设计定位应根据各地区的人文特点、消费层次、消费者需求等方面，进行功能设置和设计风格的体现；难点是电影院、音乐厅空间的装饰设计与声学设计的综合体现。

5.1 文化娱乐空间的功能组成

文化娱乐类空间是城市文化和城市环境的重要组成部分，具有功能的综合性、空间的多样性和形式的复杂性等特点，如音乐厅空间（见图 5-1）。

图 5-1　音乐厅空间

文化娱乐类空间并无统一的功能模式，就一般情况而言，其组成包括五种功能空间的使用方式，即文化娱乐活动空间、学习辅导空间、专业工作空间、行政管理及辅助空间、公共服务空间等，现分别来介绍一下这五大功能空间的基本特点及要求。

一、文化娱乐活动空间

这一空间的使用特点是人流数量通常较大，应组织便捷的交通流线及快速的疏散通道，如观演、游艺、交谊、展览及阅读等活动空间。

二、学习辅导空间

文化娱乐类空间中的学习辅导空间，如综合排练厅、普通教室、合班教室及专用教室等空间。其使用特点是人流数量较大，且疏散时间也较为集中。

三、专业工作空间

文化娱乐类空间中的专业工作空间，如从事书法、美术、音乐、摄影、舞蹈、戏曲等专业工作的空间。其使用特点是不对公众开放，仅为研究人员提供各种专业工作室，应确保环境的安静。

四、行政管理及辅助空间

文化娱乐类空间中的行政管理及辅助空间属于内部用房，如办公室、会议室、接待室、值班室等空间，且私密性较强，应提供相对安静的工作环境。其出入通道应与公众人流分开。

五、公共服务空间

文化娱乐类空间中的公共服务空间主要为公众提供必备的服务或设施，以保证公众文化娱乐活动的正常进行，如电梯间、洗手间、小卖部、餐饮店等。

5.2 电影院空间环境设计

电影院空间的室内环境装饰设计，必须符合电影放映工作的各项技术指标及要求，才可营造出最佳的视听环境（见图 5-2）。

图 5-2 电影观演空间的环境特点

一、电影院的类型

现代电影院的类型是依照规模大小来分类的按观众厅的席位容量划分，可将电影院分为以下四种类型。

（1）特大型电影院：可容纳观众席位在 1 801 座以上，或观众厅的个数在 11 个以上。

（2）大型电影院：可容纳观众席位在 1 201 ～ 1 800 座，或 8 ～ 10 个观众厅。

（3）中型电影院：可容纳观众席位在 701 ～ 1200 座，或 5 ～ 7 个观众厅。

（4）小型电影院：可容纳观众席位在 700 座以下，或少于 4 个观众厅。

二、电影院的等级划分

以电影院的观众容纳量为评定标准，电影院一般可分为特级、甲级、乙级、丙级四个等级。

三、电影院室内空间的功能组成

电影院室内空间的基本功能组成，一般包括售票处、大厅、洗手间、入场休息厅、观众厅、放映机房、设备用房、办公用房等功能区（见图 5-3）。

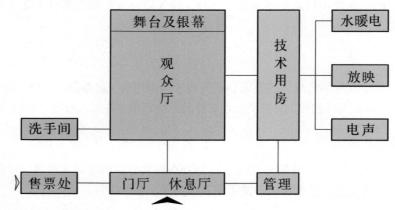

注：1. 门厅可兼做休息厅，内设小卖部。

2. 管理包括办公室，美工室等。

3. 水暖电包括一般供水、排水、采暖通风，以及门厅、观众厅、办公室等灯光照明。

4. 放映室包括放映机房（有放映机、环绕立体声设备及配电设备）和其他辅助用房。

图 5-3　电影院空间功能分析图

四、电影院观众厅设计的常用概念及相关知识

电影观众厅设计是本章的重点，在此会涉及一些平时不太常用的名词概念，或电影放映行业的专业技术要求等设计知识。为便于更好地理解和掌握电影观众厅的设计方法，现将设计视点高度、观众的视角与视距、视线超高值、观众厅的声学要求、电影放映银幕的配置方法，以及新型的吸音装饰材料等相关内容做一下简要介绍。

（一）设计视点

在电影观众厅中，第一排观众座位处的地面与银幕画面下缘的垂直距离称为设计视点高度（见图 5-4）。

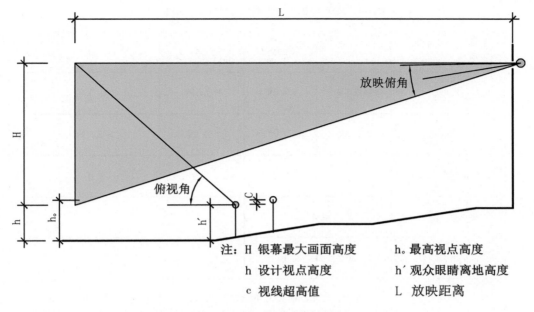

注：H 银幕最大画面高度　　　　h。最高视点高度
　　h 设计视点高度　　　　　　h′ 观众眼睛离地高度
　　c 视线超高值　　　　　　　L 放映距离

图 5-4　观众厅视线分析剖面图

（二）观众的视角与视距

电影是通过视觉作用的感观效果为观众所接受。视觉是人们辨别外界物体明暗和颜色特性的感觉，视觉在对物体的空间属性，如大小、远近等区分上起着重要的作用。

1. 视野

人的单眼在固定注视正前方的目标时，所能看见的空间范围称为视野，而双眼视野则比单眼视野要大。

2. 视角

在整个视野中，中央视场是看得最清楚的部分，人的单眼对中央视场的水平视角为 30 度，双眼为 36 度 ~ 40 度，单眼和双眼的垂直视角均为 22 度。中央视场的四周为边缘视场，在水平方向上可达 180 度，而在垂直方向上可达 75 度。在布置电影院和剧场的观众座位时，对于银幕或舞台两侧靠墙处的最偏座位来说，其视线偏离中心线的水平夹角应控制在 28 度 ~ 50 度。

3. 视距

电影院视角的要求决定了观众与银幕的距离，即视距。边座观众的斜视角是根据观看画面时所产生的变形的程度来决定的。要将斜视银幕画面时的形变，限制在人眼感受的允许范围之内。

（三）观众的视线超高值

视线超高值（用 C 表示），是人体工程学中人眼到头顶的平均统计值，C 值一般取 120 毫米（见图 5-4）。

观众厅视距、视点高度、仰视角、斜视角及视线超高值的设定应符合表 5-1 的要求。

表 5-1 观众厅视距、视点高度、视角及视线超高值

级别 项目	特级	甲级	乙级	丙级
最近视距/m	≥0.6W	≥0.6W	≥0.55W	≥0.50W
最远视距/m	≤1.8W	≤2.0W	≤2.2W	≤2.7W
最高视点高度 h_0/m	1.5	1.5	1.8	2.0
仰视角/(°)	≤40		≤45	
斜视角/(°)	≤35	≤40	≤45	
视线超高值 c/m	c 取值 0.12m，需要时可增加附加值 c		c 值可隔排取 0.12m	

注："W"代表电影放映屏幕的画面最大宽度。"m"代表米。

（四）电影院观众厅的声学要求

电影院空间必须满足电影放映的声学要求。目前中国电影市场对观众厅的声学指标要求主要包括以下几点，其他指标要求请见书后的附录部分。

1. 电影观众厅的混响时间

当声源停止发声后，声波在室内要经过多次反射和吸收，最后才完全消失。我们会感觉到声源停止发声后还持续一段时间，这种现象叫做混响，这段时间叫做混响时间。

电影院观众厅中的混响时间，较其他演出建筑短，目的在于增加影片对白的清晰度。电影院的最佳混响时间在各国尚无统一规定，中国惯用的是 500 赫兹时为 1.0 ~ 1.2 秒。

2. 电影观众厅的环境噪声指标

观众厅的环境噪声应较低，空物环境噪声在静态时为 35 分贝 (A)；在动态时（放映机、通风系统震动）为 45 分贝 (A)，但在立体声时应为 40 分贝 (A)。

3. 电影观众厅的声场分布

观众厅内应有均匀的声场分布。电影院的声学频响特性应与电影制片厂混合录音棚保持一致。电影观众厅中的声场要求，与其他演出建筑的观众厅一样，必须避免产生回声、颤动回声、声聚焦、耦合效应等各种声学缺陷。

（五）电影观众厅的声学特点

观众厅听觉条件的好坏，除了与环绕立体声系统的电声质量有关外，还取决于观众厅的建筑声学质量。电影观众厅与其他演出空间的声学环境不同，有其自身的声学特点，现分述如下。

1. 声源位置固定

电影院的扬声器通常都设置在银幕后面或侧面墙壁上,因此其声源位置是固定不变的。

2. 声源位置较高

扬声器的高音头一般位于银幕高度的 2/3 处,可有利于声源均匀地向观众厅的各个方向辐射声能。

3. 音量可按需要调整

环绕立体声系统的功率在原则上不会受到音量的限制,且能够以直达声为主,不必过多地依靠反射声来弥补某些座位处的响度不足。

(六)电影放映银幕的配置

1. 电影放映银幕的组成

电影放映银幕一般由幕布、金属银幕支架、银幕调整轨道、可供调节的活动边框,以及保护幕等构成。

2. 银幕画幅的配置方法

电影放映银幕的画幅配置方法共有三种制式,即等高法、等宽法与等面积法。

(1)等高法 是将宽银幕、遮幅银幕及普通银幕在高度上进行统一的一种银幕配置方法,所需银幕的水平尺寸可通过移动左右两侧的黑边框和调整放映镜头焦距来实现画幅比例的设定(见图5-5)。

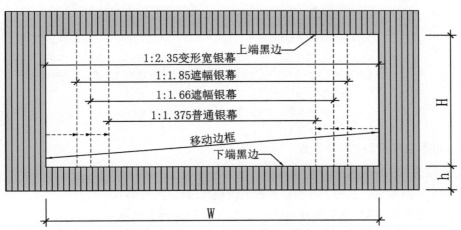

注:W为银幕画面最大宽度(m);H为银幕画面最大高度(m);h为设计视点高度(m)。

图5-5 "等高法"的银幕画幅配置

(2)等宽法 将银幕宽度基本固定的画幅配置方法,称为"等宽法"。采用"等宽法"配置银幕时,其上下左右的黑边框均可自行移动,以适合所需画幅的比例需要(见图5-6)。

(3)等面积法 就是使宽银幕、遮幅银幕的面积基本统一的一种配置方法,是通过上下左右移动黑边框来满足变形宽银幕、遮幅银幕,以及数字电影屏幕等不同的画幅比例需要(见图5-7)。

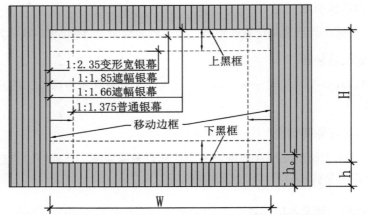

注：W为银幕画面最大宽度（m）；H为银幕画面最大高度（m）；h为设计视点高度（m）；
h。为最高视点高度（m）。

图5-6 "等宽法"的银幕画幅配置

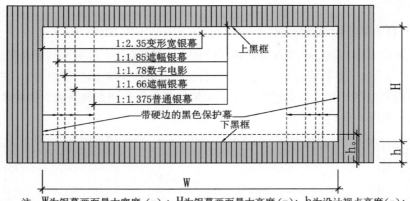

注：W为银幕画面最大宽度（m）；H为银幕画面最大高度（m）；h为设计视点高度（m）；
h。为最高视点高度（m）。

图5-7 "等面积法"的银幕画幅配置

3. 电影银幕画面宽度的计算

电影银幕画面的宽度尺寸应由观众厅的放映距离、放映机片门尺寸、放映镜头焦距的实际数据来进行确定。其中，各种银幕的放映机片门尺寸分别为：

（1）变形宽银幕的放映机片门尺寸为21.3毫米×18.1毫米。

（2）遮幅宽银幕的放映机片门尺寸为20.9毫米×11.3毫米或20.9毫米×12.6毫米。

（3）普通银幕的放映机片门尺寸为20.9毫米×15.2毫米。

在此，普通银幕画面宽度和变形宽银幕的画面宽度可按图5-8所示的进行计算。

4. 银幕弧度的确定

当电影院的宽银幕在水平方向上呈弧面设计时，其曲率半径宜为放映距离L的1.5～2倍（见图5-8），银幕弧面中点至后墙面的距离应大于1.2米。当放映距离和银幕宽度的比值大于1.5倍，且银幕宽度不超过10米时，银幕可采用平面的形式进行设计，银幕至幕后的墙面距离不应小于1.0米。

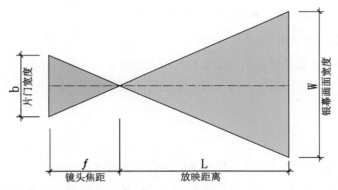

银幕画面宽度（单位为m）计算公式：

普通银幕画面宽度（W_p）$= \dfrac{b \times L}{f}$　　　　变形宽银幕画面宽度（W_b）$= \dfrac{b \times L}{f} \times 2$

注：式中 b为放映机片门宽度（mm）；f为镜头焦距（mm）；L代表放映距离（m）。

图 5-8　电影银幕画面宽度分析图

（七）选择符合声学要求的吸音材料

观众厅的空间造型设计与装饰材料的选用，必须避免声聚焦、回声等声学缺陷。目前，吸音材料的主要品种有聚酯纤维吸音板、木质吸音板、布艺软包吸音板、木丝吸音板、玻镁防火吸音板，以及生态木吸音板和立体扩散体吸音板等多种产品。现分别来做一下简要的介绍。

1. 聚酯纤维吸音板

聚酯纤维吸音板是以聚酯纤维为原料，其茧棉状的材质，具有较好的透气性和防火性能，可成为影剧院、歌舞厅、礼堂、多功能厅等公众集聚场所的吸音和隔热材料。

2. 木质吸音板

木质吸音板具有出色的降噪吸音性能，对中、高频吸音效果尤佳，可作为电影院、会议室等场所的吸音材料。

3. 布艺软包吸音板

布艺吸音板是根据声学原理，通过精致加工而成的一种具有吸音减噪作用的软包体装饰材料。具有吸音、装饰、隔热，防火，质轻，防尘、不变形、防腐且施工方便等特点。

4. 木丝吸音板

木丝吸音板，有木丝吸音板和水泥木丝吸音板两种产品。其环保指标和防火性能均已达到国家级标准的要求，是吸音装饰材料中不可多得的产品。

5. 玻镁防火吸音板

玻镁防火吸音板具有轻质、耐高温、阻燃、吸声、防震、防虫、防水、防潮、防腐等材料性能，并且便于施工，可直接进行上油漆、粘贴饰面等工序。

6. 生态木吸音板

生态木吸音板是由少量高分子材料和大量木粉聚合而成。该装饰板材不需做任何表面处理，并具有防水、防白蚁、阻燃、耐污染等材料优点。

7. 立体扩散体吸音板

立体扩散体吸音板除具有平面吸音板的所有功能外，还兼备消除盲区，改善音质、平衡音响、削薄重音、削弱高音，以及对低音进行补偿等作用。该产品的颜色与表面加工可按客户需要定制。

五、电影院空间的区域划分及布局

对于电影院室内空间的区域划分，应结合电影院建筑的空间形式、使用性质、营业特点，以及技术要求等方面进行规划。我们现在要做的就是，合理确定出各主要功能区的布局位置及使用面积。

（一）电影院门厅

电影院的门厅（大堂）是联系室内各通道的交通枢纽，必须满足观众入场、购票、候场、散场等功能需要，一般可兼做休息厅，内设售票处和小卖部等。

电影院的门厅（大堂）位置应接近观众的主要人流活动路线，且必须保障通行便利（见图 5–9）。

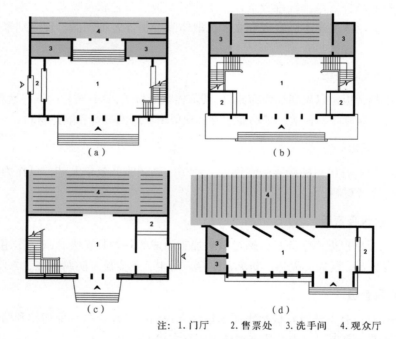

注：1. 门厅　2. 售票处　3. 洗手间　4. 观众厅

图 5–9　电影院的门厅布局

较为合理的门厅（大堂）使用面积，应按每座位观众平均占用 0.3 ~ 0.4 平方米来进行计算。门厅中剩余的面积可规划为除小卖部以外的其他销售服务区。

（二）电影院售票处

电影院的售票处一般位于门厅（大堂）区域。售票处的使用面积可按每一个窗口不小于 1.5 平方米进行计算。

（三）电影院观众厅

电影观众厅是电影院空间中室内环境装饰设计的重点内容，电影放映银幕的尺寸是计算观众厅座位容量及使用面积的关键数据。现按照设计及思考顺序分别来做一下介绍。

1. 观众厅的布置区域

电影院的观众厅位置，应选择在一个比较方正、规整的区域，这样可以有效提高建筑面积的利用率。对于营业面积较大的电影城来讲，人流疏散和应急通道的设置将更为重要（见图 5-10）。

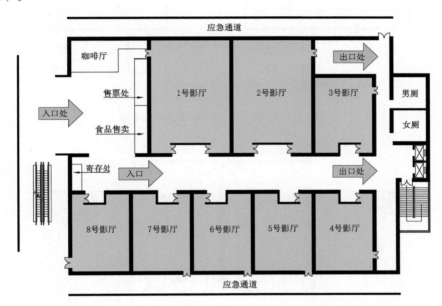

图 5-10　电影城平面布局示意图

2. 观众厅的人均面积

在电影观众厅中，每位观众所占的面积约为 1.3 ~ 1.5 平方米。观众所占的每座面积直接关系到观众观看电影的舒适度。对于甲级电影院来说，每个座位面积应不小于 0.80 平方米；乙级电影院的每个座面积应不小于 0.70 平方米；丙级影院的每个座面积应不小于 0.60 平方米。

3. 观众厅的容纳人数与观众厅个数

每个观众厅的座位数量宜设定在 150 ~ 350 人，其中以容纳 200 ~ 250 人座位的观众厅较为适于经营。目前，在新建的电影院中，一般以设置 3 ~ 8 个观众厅的例子比较常见。

4. 观众厅的入场与散场

在观众厅中，入场与散场人流路线的安排应划分明确，以避免相互干扰（见图 5-11）。

5. 观众厅的基本布局形式

在电影院的观众厅布局设计中，通常有以下三种布局形式可供参考（见图 5-12 ~ 图 5-14）。

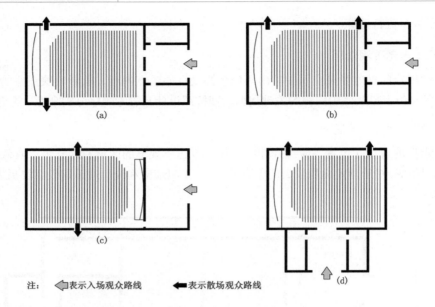

注： ⬅ 表示入场观众路线　⬅ 表示散场观众路线

图 5-11　观众厅入场与散场人流路线示意图

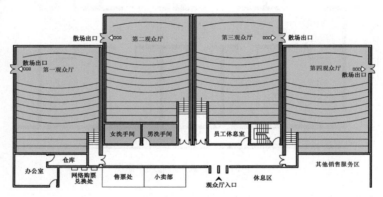

图 5-12　电影院布局形式之一

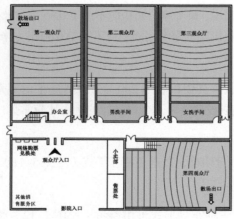

图 5-13　电影院布局形式之二

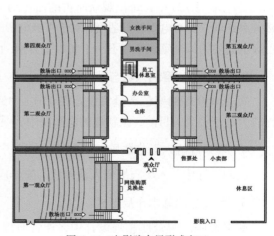

图 5-14　电影院布局形式之三

6. 观众厅的长宽尺寸与比值

观众厅的长度一般为 18 ~ 28m，宽度为 10 ~ 17m。观众厅长度与宽度的比值一般以（1.7±0.3）∶1 为宜（见图 5-15）。

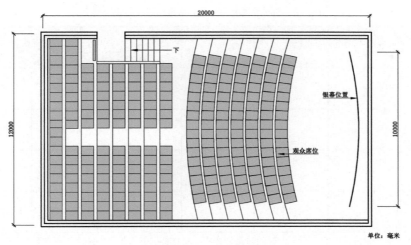

图 5-15　观众厅长宽比例示意图

7. 观众厅的净高度

为了使电影观众的垂直视线能够达到最佳效果，一般来讲，观众厅的净高度应不小于以下三者的总和，即：观众厅净高度＝下视点高度（1.2 米）＋银幕高度＋银幕上方的黑框高度（0.3 ~ 0.5 米）。

8. 观众厅分隔的主要结构方式

在电影院空间中，建造观众厅隔墙的主要结构包括钢筋混凝土结构、钢结构、轻钢龙骨结构等构筑方式。

9. 电影观众厅的座椅布置形式

电影观众厅的座椅布置形式，应根据屏幕的种类和使用情况来决定。一般看来，电影观众厅的座椅布置形式主要有以下三种情况（见图 5-16）。

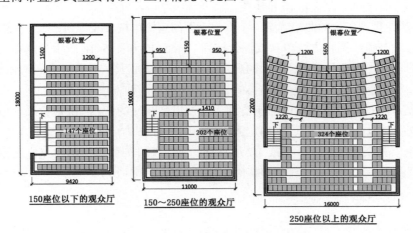

图 5-16　观众厅的座椅布置形式示意图

10. 电影观众厅座位排距的确定

在进行观众厅的座椅选择和确定每排座椅的排距时，对不同等级的电影院来说，其观众座椅尺寸与排距的设定都有相应的要求和规定（见表5-2）。

表5-2 不同等级电影院的观众座椅尺寸与排距要求

影院等级 项目	特级	甲级	乙级	丙级	
座椅	软椅			软椅	硬椅
扶手中距 / mm	≥56		≥54	≥52	≥50
净宽 / mm	≥48		≥46	≥44	≥44
排距 / mm	≥1 100	≥1 000	≥900	≥850	≥800

注：靠后墙设置座位时，最后一排的排距为排距、椅背斜度的水平投影距离和声学装修层三者之和。

11. 电影观众厅座椅的具体布置方法

在电影观众厅中，每排座椅的排列间距通常为1米，共有短排法和长排法两种方式可供选择。应先计算出弧线排列座椅时的曲率，以及每排座椅的视线高度差数值。现将观众厅座椅的具体布置方法分别来做一下简要的介绍。

（1）短排法 当观众席两侧有纵向走道，且硬座椅排距不小于0.85米时，每排座椅的数量不应超过22个。排距每增加50毫米，可相应在每排上增加2个座位；当观众席仅一侧有纵向走道时，每排座椅数量应不超过11个。

（2）长排法 当观众席两侧有纵向走道，且硬座椅排距不小于1.0米或软座椅排距不小于1.1米时，每排座椅的数量不应超过44个；若仅一侧有纵向走道时，每排座椅数量不超过22个。

（3）座椅排列行数与走道位置的关系 在两条横向走道之间，不宜超过20排座位；横向走道与后墙之间不宜超过10排座位。

（4）弧线排列座位的曲率确定 小型观众厅的座椅可按直线排列，大、中型观众厅的座椅可按直线与弧线两种方法单独或混合排列。图5-17和图5-18所示为电影院观众厅的平面布置图，在此不难看出弧线排列的观众座位与走道、银幕、放映点之间的相互关系。

大、中型观众厅的弧线座位布置方式，可采用一下两种方法进行设计。

其一是从斜视角的最靠墙边的座椅处，通过银幕宽度的1/4点做延长线，与观众厅的中轴线相交，并以此点为圆心，来确定弧线排列座椅的曲率半径（见图5-19）。

其二是以观众厅的正中一排或1/2厅长处，为座椅排列弧线上的中点，使弧线曲率半径等于放映距离，来确定弧线排列座椅的曲率圆心（见图5-20）。

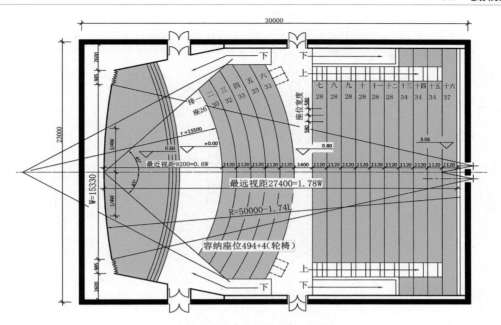

图 5-17 观众厅弧线排列座位的平面图之一

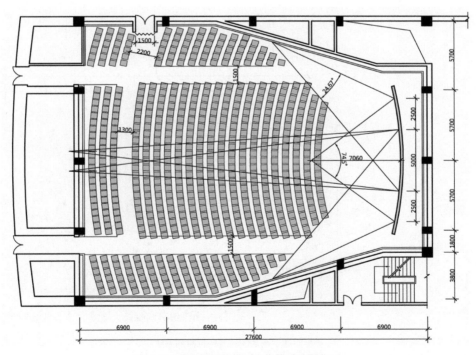

图 5-18 观众厅弧线排列座位的平面图之二

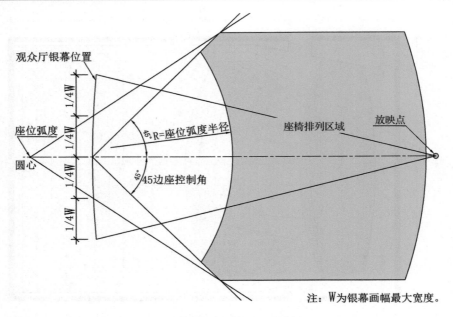

注：W为银幕画幅最大宽度。

图 5-19 观众厅弧线排列座位分析图

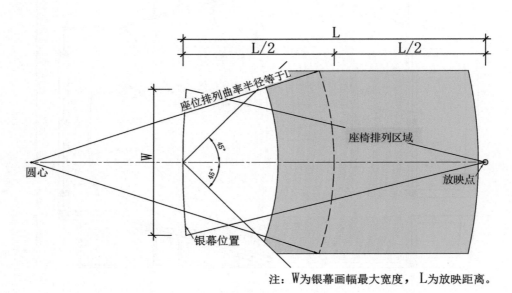

注：W为银幕画幅最大宽度，L为放映距离。

图 5-20 观众厅弧线座位排列方法

（5）每排座位的视线高差　在观众视线超高值足够的情况下，应满足前排观众对后排观众的视线无遮挡要求，可根据图5-21所示来进行观众座位的升高数值计算。当观众视线的超高值平均低于120毫米时，观众厅前排与后排的座位应采用平移错位的处理方法来进行布置。

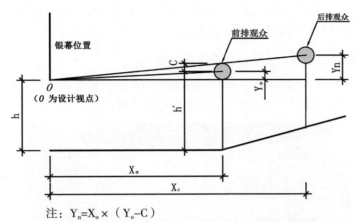

注：$Y_n = X_o \times (Y_o - C)$
　　式中 X_o 为前一排观众眼睛到设计视点 O 的水平距离；
　　X_o 为后一排观众眼睛到设计视点为 O 的水平距离；
　　Y_o 为后一排观众眼睛到设计视点为 O 的水平距离；
　　Y_n 为后一排观众眼睛到设计视点为 O 的水平距离；
　　C 是视线超高值 0.12m；H_n 为地面升高值。

图 5-21　观众厅地面升高值与无遮挡视线设计

12. 观众厅座位区域的走道设置

在一般情况下，距离电影银幕较近的前排座位区域多采用设置两条纵向走道的形式来进行座位布局；距离电影银幕较远的后排座位区域多采用中间设置横走道的形式来布局。

观众厅内的走道设计直接关系到每位观众能够到达指定座位的便捷性、行走的舒适性，以及当遇到火灾等突发事件后，能够迅速撤离的安全性。因此，在进行观众厅的走道设计时，必须要满足下列条件与规定。

（1）走道宽度的要求：观众厅走道的布局应与观众座位区的容量相匹配，必须确保走道与疏散门联系顺畅，其走道宽度的设计，应严格按照相关防火规范的规定执行，即观众厅内疏散走道的净宽度要按每100人不小于0.6m的净宽度计算，且不应小于1米；观众厅内边走道的净宽度不宜小于0.8米；观众厅的疏散出口和厅外疏散走道的宽度，平坡地面时按每100人不小于0.65米计算；当走道为阶梯地面时，按每100人不小于0.80米计算；疏散出口和疏散走道的最小净宽均不应小于1.40米。

（2）走道台阶与坡道的设定：在观众厅中，设置座位的楼地面宜采用台阶式地面，前后两排的地坪高差不宜大于0.45米；观众厅走道的最大坡度不宜大于18度，当坡度为1:10 ~ 1:8时，应做防滑处理；当走道坡度大于1:8时，应采用台阶式踏步；走道踏步高度不宜大于0.16米，且不应大于0.20米。

设计视点的高度会直接影响到观众厅地面的坡度。设计视点越低，观众厅地面的坡度就会越大。

当观众座位的视点高度决定下来之后，便可根据相邻两排观众视点的距离与视线超高值 C 所形成的两个相似三角形，来计算出相邻两排座椅处的地面高度差，通过这样的逐排计算最终就会得到最后一排座椅的地面坡度标高（见图 5-21）。

（3）观众厅内走道的无障碍设计：在观众厅中，供轮椅使用的坡道设计应符合《无障碍设计规范》（GB50763-2012）中的有关规定。

13. 观众厅座位与走道的安全性保护要求

当观众厅内有下列情况之一时，座位前沿或侧边必须设置防护栏杆，其水平荷载不应小于 1 000（牛顿 / 米），且不能遮挡观众的观演视线（见图 5-22）。

图 5-22　观众厅走道的防护栏杆

必须在观众座位处设置安全防护栏杆的具体情况包括：

（1）当紧临横向走道的座位，其地坪高于横走道 0.15 米时，必须设置防护栏杆；
（2）当座位的侧向紧邻有高差的走道，或者有台阶时，必须设置防护栏杆；
（3）当座椅区域的高度超过走道的地平面并临空时，必须设置防护栏杆。

14. 观众厅的吊顶及照明

在进行观众厅的功能布局与区域位置划分时，对于观众厅的吊顶造型，应考虑到直射光源的隐藏问题，以避免过强的光线给观众的视觉造成目眩感。同时，还必须注重声学方面的特殊要求（见图 5-23）。

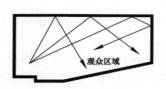

平铺式顶棚剖面图

降低台口式顶棚剖面图

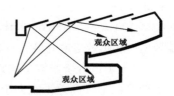

波浪式顶棚剖面图

图 5-23　观众厅的吊顶形式与声音反射关系示意图

　　在照明设计方面，除应满足电影观众的正常照明外，在不同的时段、部位，以及有突发情况时，还有其特定的照明要求。现简要介绍如下。

　　（1）观众厅在放映开始前和散场时的照度一般为 50 ～ 200 勒克斯；

　　（2）观众厅的走道指示灯应设于过道中心线上，形成大于 0.2 勒克斯的照度；

　　（3）观众厅的太平门标志灯应采用减光式指示灯，平时减光 20%，当停电时应减光 36%，遇到火灾等突发情况时要开亮至 100%；

　　（4）在观众厅空间的边角处，必须设置突发事故应急照明，平时关闭，在事故发生时自动开启。

（四）电影院放映机房

　　电影放映机房是电影院中除观众厅以外又一重要的组成部分。放映机房的位置一般都设在观众厅后部的上方，由放映机、相关设备、配电室等部分组成。此外，在放映区内可增设机修室、休息室及专用卫生间等设施（见图 5-24）。放映孔外侧底边距离下方观众厅地面的高度不应小于 1.90 米。

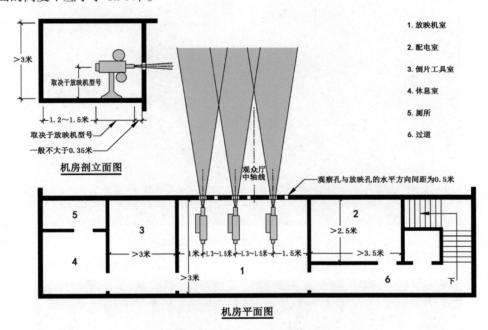

图 5-24　电影院放映机房布局示意图

六、电影院空间环境设计实例

　　波兰华沙电影院建成于 2008 年，在室内环境装饰设计上，是以古老的装饰纹样为元素，其灵感取自巴洛克、文艺复兴时期的纺织品，整体空间处理充满了现代感（见图 5-25 ～图 5-27）。

图 5-25 波兰华沙电影院的门厅休息区

图 5-26 波兰华沙电影院通往观众厅的走道空间

图 5-27 波兰华沙电影院观众厅空间

5.3 剧场空间环境设计

剧场是专门用来表演戏剧、话剧、歌剧、歌舞、曲艺、音乐等节目的文化娱乐场所，一般都较为正式。也有一些小型剧场为降低运营成本，兼备放映电影的功能。

一、剧场空间的基本类型

剧场中的节目内容，可分为歌舞、话剧、戏曲三种表现形式。剧场空间的基本类型可按剧场的容纳观众数量、演出剧种、使用标准这三个方面来进行相应的划分。现分别来做一下简要介绍。

（一）按容纳的观众数量分类

剧场空间若按容纳的观众数量不同可划分为以下几种。

1. 特大型剧场

特大型剧场的可容纳观众席位应在 1 601 座以上。

2. 大型剧场

大型剧场的可容纳观众席位应在 1 201 ～ 1 600 座。

3. 中型剧场

中型剧场的可容纳观众席位应在 801 ～ 1 200 座。

4. 小型剧场

小型剧场的可容纳观众席位应在 300 ～ 800 座。

其中，歌舞剧场的观众席位不宜超过 1 800 座。话剧、戏曲剧场的观众席位不宜超过 1 200 座。

（二）按演出剧种进行分类

剧场空间若按演出剧种的不同可分为以下几种。

1. 歌剧院

歌剧院的观众厅，以演出歌剧、舞剧为主。通常舞台的尺寸较大，容纳的观众人数也相对较多，视距的设置也较远（见图 5-28）。

图 5-28　德国拜罗伊特侯爵歌剧院

2. 话剧院

在话剧院的观众厅中，应使观众能够听到细微的声音，看清演员的面部表情。因此，话剧院观众厅的规模不宜过大。

3. 京剧、地方剧院

京剧、地方剧院一般兼有歌舞剧院的特点，舞台表演区相对较小。

（三）按使用标准进行分类

剧场空间若按使用标准的不同又可分为以下几种。

1. 专业性剧院

专业性剧院一般以演出某一专业剧种为主，兼能演出其他剧种，舞台设备及条件较好。

2. 综合性剧院

综合性剧院可进行地方戏演出和放映电影，演出的设备通常都比较简单，如小型影剧院等。

3. 群众性集会剧院

群众性集会剧院的可容纳观众人数较多，舞台设备通常比较简单。

二、剧场的等级划分

剧场的等级可分为特级、甲级、乙级、丙级四个级别。特级剧场的技术要求应根据具体情况来确定。甲、乙、丙级剧场应符合的相应标准主要包括：

（一）主体结构耐久年限

甲级剧场的主体结构耐久年限应在 100 年以上，乙级剧场的主体结构耐久年限应在 51 ~ 100 年，丙级剧场的主体结构耐久年限应在 25 ~ 50 年。

（二）耐火等级

甲、乙、丙级剧场的耐火等级均不应低于二级。

三、剧场室内空间的功能组成

剧场室内空间的功能组成，一般由观众部分、演出部分、演出准备部分三大功能区组成。由于剧场的建设规模、演出剧种，以及使用性质等方面的不同，其功能的组成内容也会有相应的差别（见图 5-29）。

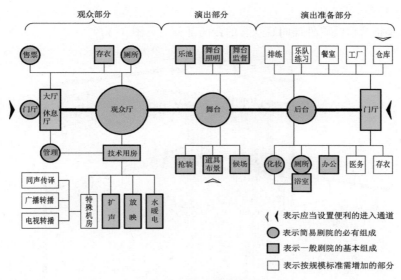

图 5-29　剧院的功能组成

四、剧场空间设计的相关概念

对于剧场空间设计来说，有许多名词概念是我们平时接触不到的。为便于专业学习和设计工作的展开，现将这些舞台专用名词及行业相关要求简要介绍如下。

（一）池座

池座是指与舞台同层的观众席。

（二）楼座

楼座是指在池座以上的楼层观众席。

（三）包厢

包厢是指沿观众厅侧墙，或后墙隔成小间的观众席。

（四）舞台

舞台是剧场中演出部分的总称，包括主台、侧台、后舞台、乐池、台唇、耳台、台口、台仓、台塔等组成部分。

（五）台塔

台塔是指表演主台以上至栅顶的空间，是舞台表演和机械运作的基本空间。

（六）台仓

台仓是指舞台台面以下的内部空间。

（七）台口

台口是指舞台面向观众厅的开口。

（八）台唇

台唇是指台口线以外伸向观众席的台面部分（见图5-30）。

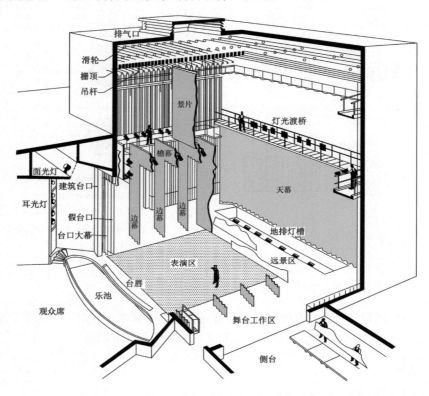

图5-30 剧场空间舞台剖视图

（九）耳台

耳台是指台唇两旁靠侧墙处的台面（见图5-30）。

（十）乐池

乐池是为歌剧、舞剧表演配乐所提供的乐队使用空间，一般设在台唇前面的下方（见图5-30）。

（十一）主台

主台是指台口线以内的主要表演空间（见图5-30）。

（十二）侧台

侧台设在主台两侧，可为更换布景、演员候场、临时存放道具和景片，以及车台等提供出一个辅助的区域（见图 5-30）。

（十三）后台

后台是指设在主台后面，可增加表演区纵深感的舞台。

（十四）开敞式舞台

开敞式舞台是指舞台和观众席在同一个空间内的舞台形式，一般有伸出式舞台、岛式舞台、尽端式舞台等几种形式。

（十五）伸出式舞台

伸出式舞台是指舞台向观众厅伸出，主要表演区在观众席内，观众可三面环绕的舞台。

（十六）岛式舞台

岛式舞台是指舞台设在观众厅内，观众可四面环绕的舞台。

（十七）台口墙轴线

台口墙轴线是指土建设计图上标注的台口承重墙结构定位线。

（十八）台口线

台口线是指台口结构内侧边线在舞台面上的投影线，舞台机械的定位一般以此为基准。

（十九）栅顶

栅顶俗称葡萄架，是在舞台上部为安装、悬吊设备而设置的专用工作层。

（二十）天桥

天桥是指在主台的侧墙、后墙处，沿墙身上部一定高度设置的工作走廊。在剧场的舞台内一般均设有多层天桥。

（二十一）假台口

假台口是安装舞台专用灯具的主要设施，能将演出台口尺寸做出一些适当的调整，以满足各种演出的实际需要（见图 5-30）。

（二十二）灯光渡桥

灯光渡桥应与吊杆平行设置，是一种在演出中能够上人，并进行操作的桥式钢架，一般均装有升降设备可根据需要完成升降，以备安装、检修灯光之用（见图 5-30）。

（二十三）渡桥码头

渡桥码头是指由天桥上伸出的平台或吊板，经过此处可通往灯光渡桥或假台口。

（二十四）大幕

大幕是指分隔舞台与观众厅的软幕。按大幕的开启方式又可分为对开式大幕、提升式大幕、串叠式大幕、蝴蝶式大幕等（见图 5-30）。

（二十五）檐幕

檐幕是指位于主台上部的横向条幕（见图 5–30）。

（二十六）边幕

边幕是指位于主台两侧的竖向条幕（见图 5–30）。

（二十七）前檐幕

前檐幕是指位于大幕前面的檐幕。

（二十八）纱幕

纱幕是由网眼纱制作而成的无缝幕，挂在台口处的称作台口纱幕，挂在后部天幕灯区前的叫做远景纱幕，也可将其折叠成装饰衬幕，主要为特殊的舞台效果而使用。

（二十九）防火幕

防火幕是安装在台口处，当有发生火灾时，可立刻降下，将舞台与观众厅分隔开来，以防止火灾继续蔓延的一种防护设施。在进行土建设计时，应为防火幕和假台口预留出一定的运行空间。

（三十）车台

车台是一种在主台、侧台、后舞台之间，沿导轨行走的机械舞台，也有无导轨的小车台。

（三十一）升降乐池

升降乐池是指乐池的地面可升降，以增加舞台使用功能的一种乐池设置方式。

（三十二）吊杆

吊杆是在舞台上空为悬挂幕布、景物、演出器材而使用的一种杆状升降机械设备（见图 5–30）。

（三十三）吊点

吊点是在舞台上空悬吊演出器材或景物的一种点状升降机械设施。

（三十四）天幕

天幕是指悬挂在舞台远景区后面的，为投射影像来表现天空景色的幕布（见图 5–30）。

（三十五）面光桥

是为了在观众厅前端的顶部上设置灯具，并向舞台投射正面灯光的一种可上人天桥（见图 5–30）。

（三十六）耳光室

耳光室是指设在观众厅两侧为了安装灯具，并向舞台投射侧面灯光的一种专用房间（见图 5–30）。

（三十七）台口柱灯光架

台口柱灯光架是指设置在舞台口两侧，可安装灯具的竖向钢架。

（三十八）灯光吊笼

是指在舞台两侧上空设置的，可安装灯具的一种笼状吊架，通常可进行升降或前后左右移动。

（三十九）天桥侧光

天桥侧光是指设在舞台两侧天桥上的灯光。

（四十）流动光

流动光是指放在舞台台面上的，装有灯光支架的可移动灯光。

（四十一）灯控室

灯控室是指控制舞台灯光的操作房间。

（四十二）声控室

声控室是指控制电声系统的操作用房。

五、剧场设计的有关要求

（一）剧场的防火要求

在剧场空间中，室内装修的天棚应为 A 级防火材料，墙面和地面的选材不得低于 B1 级防火材料。对于部位，必须设有火灾自动报警装置。

（二）剧场的声学设计要求

剧场空间的声学设计应包括建筑声学设计和电声设计两大部分。

剧场观众厅的声学设计与电影院不同，要将扩声系统设计与建筑声学设计进行紧密配合，装饰设计也应符合声学设计的要求。以自然声来演出的剧场，其声学设计应以建筑声学为主（见图 5–31）。

图 5–31　天津大剧院的声学环境

在剧场观众厅中，满场混响时间的设定及混响时间的频率特性，见书后附录（剧场、电影院和多用途厅堂建筑声学设计规范）。

为避免外界噪声对观众厅产生影响，剧场宜利用休息厅、前厅、休息廊等空间作为隔声降噪的一个屏障，必要时还可在观众厅的出入口设置阻断噪声进入的声闸或隔音门。

六、剧场空间的区域划分

剧场室内空间的区域划分，必须根据剧场建筑的空间形式、演出剧种、技术要求等方面来进行整体规划，要使各区域的人流路线均达到方便快捷、互不干扰、安全通畅（见图5-32、图5-33）。

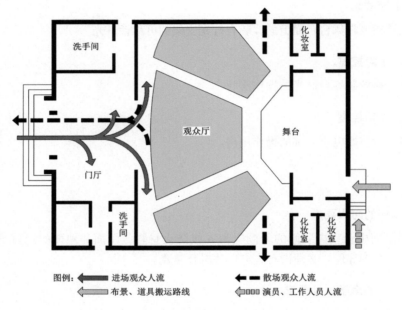

图 5-32 简易剧场人流导向示意图

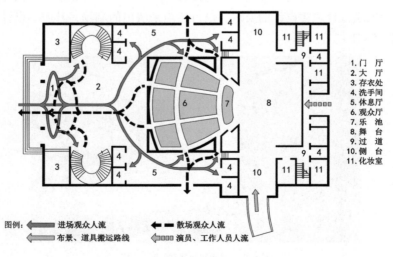

图 5-33 一般剧场人流导向示意图

七、剧场空间观众区域的布局及要求

剧场中的观众活动区域，一般包括大厅、休息厅、洗手间、观众厅等功能区（见图5-34），现分别介绍如下。

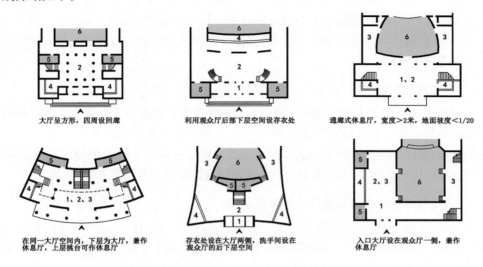

图 5-34　剧场大厅、休息厅、存衣处、洗手间的布局位置示意图

（一）剧场空间的大厅面积及要求

甲级剧场的大厅面积不应小于每座 0.3 平方米，乙级剧场不应小于每座 0.2 平方米，丙级剧场不应小于每座 0.18 平方米。当大厅和休息厅的使用区域合二为一时，甲级剧场不应小于每座 0.5 平方米，乙级剧场不应小于每座 0.3 平方米，丙级剧场不应小于每座 0.25 平方米。此外，观众存衣处的使用面积不应小于每座 0.04 平方米。

（二）剧场空间的休息厅面积及要求

甲级剧场的休息厅面积不应小于每座 0.3 平方米，乙级剧场不应小于每座 0.2 平方米，丙级剧场不应小于每座 0.18 平方米。当附设小卖部或冷饮部时，小卖部或冷饮部的使用面积不应小于每座 0.04 平方米。

（三）剧场空间洗手间的面积及要求

男、女洗手间的布局位置，必须满足交通方便和快捷的使用要求。

1. 男卫生间

男厕应按每 100 座设一个大便器，每 40 座设一个小便器或 0.6 米长的小便槽，每 150 座设一个洗手盆来进行面积计算。

2. 女卫生间

女厕应按每 25 座设一个大便器，每 150 座设一个洗手盆来进行面积计算。

（四）剧场空间的观众厅面积及布局要求

1. 观众厅的面积

甲级剧场观众厅的座位面积不应小于每座 0.8 平方米；乙级剧场观众厅的座位面积不应小于每座 0.7 平方米；丙级剧场观众厅的座位面积不应小于每座 0.6 平方米。当小包厢座位不超过 12 座时，可设活动座椅。剧场观众厅中的出入口应均匀分布，一些人流较大的主要出入口不宜靠近舞台区域。

2. 观众厅的视线要求

在观众座位与舞台表演区之间应建立起合理的观看位置关系。如舞台前端首排观众的最大仰角应设定为：话剧观众不宜超过 20 度；歌舞剧和音乐会观众不宜超过 30 度。剧场观众的最远视距应不超过 33 米。其中话剧的观众最远视距应不超过 25 米；大型歌舞剧的观众最远视距应不超过 38 米；伸出式、岛式舞台的最远视距不宜大于 20 米。

3. 剧场观众厅弧线排列座位的曲率确定

小型观众厅座位可按直线排列，大、中型观众厅的座位可按直线与弧线两种方式单独或混合排列。有关剧场观众厅弧线排列座位的曲率数值确定，参见本章第二节"电影院空间环境设计"。

4. 剧场观众厅座位的地面升高数值确定

为使后排观众能看到舞台全貌，观众厅地面应设有一定的坡度，其座位升高数值的计算方法与电影观众厅相同，只是设计视点的取值位置和要求不同（见图 5–35）。有关剧场座位升高数值的计算方法，可参见本章第二节"电影院空间环境设计"。

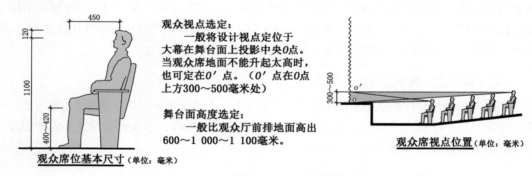

图 5–35　剧场观众厅视点选定示意图

八、剧场的舞台

在剧场中，舞台和耳台的最窄处尺寸不应小于 1.5 米。主台上空应设有栅顶和安装各种滑轮的专用梁，栅顶位置的标高（距主台面的垂直距离）应为：甲级剧场不低于台口高度的 2.5 倍；乙级剧场不低于台口高度的 2 倍加 4.00 米；丙级剧场不低于台口高度的 2 倍加 2.00 米。

1. 舞台的类型

一般常用的舞台形式为箱式舞台。根据舞台的机械化程度，可分为一般舞台（半机械化）

和大型机械化舞台。

2. 舞台的组成

箱式舞台由基本台、侧台、台唇、舞台上空设备、台仓（舞台下部空间）等部分组成。

3. 基本台尺寸

（1）台口的尺寸应根据演出的剧种、观众人数和观众厅的建筑形式而定（见图5–36）。

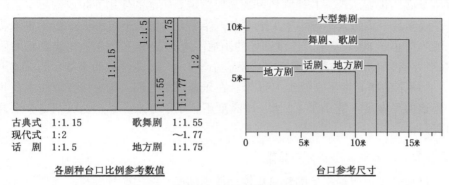

图5–36　剧场舞台台口比例

（2）舞台的深度一般为台口宽度的1.5倍，由台口深度、表演区、远景区、天幕灯光区、天幕至后墙的距离等部分组成。

（3）台宽的尺寸一般约为台口宽度的2倍，由表演区宽度、边幕宽度（每边约为3米）、两侧演员活动区（每边为3～4米）等部分组成（见图5–37）。舞台若不设侧台，除上述条件外，每边应再加3米。

（4）台高的尺寸，是指由台面至栅顶下皮之间的高度。当台深较浅时，台高为台口高度的2倍加2～4米；当台深较大时，台高为台口高度的2倍加6～8米（图5–37）。

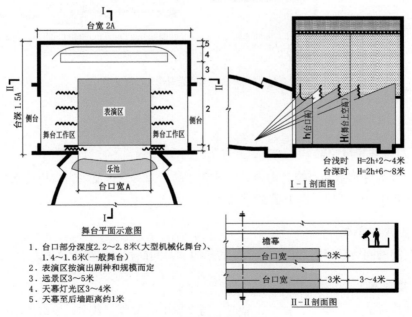

图5–37　剧场舞台的基本尺寸

4. 侧台的面积及要求

在主台的两侧应布置侧台，位置应靠近主台前部，以便于演员和景物能够快速通向表演区。两个侧台的总面积应为：甲级剧场不得小于主台面积的 1/2；乙级剧场不得小于主台面积的 1/3；丙级剧场不得小于主台面积的 1/4。

5. 乐池的面积及要求

歌舞剧场必须设置乐池，其他剧场可视需要而定。乐池的使用面积应按容纳乐队的人数来计算，演奏员平均每人不应小于 1 平方米，伴唱人员每人不应小于 0.25 平方米。甲级剧场的乐池不应小于 80 平方米；乙级剧场的乐池不应小于 65 平方米；丙级剧场的乐池不应小于 48 平方米。乐池的进深与宽度之比不应小于 1 : 3。乐池地面至舞台的高差不应大于 2.2 米，台唇下的净高度不宜低于 1.85 米。在乐池内的两侧，均应设置通往主台和台仓的通道，通道的净宽度不宜小于 1.2 米，净高度不宜小于 2 米。甲、乙级剧场应设置乐队休息室和调音室。

6. 剧场舞台灯光的类型及分布位置

剧场的舞台灯光应根据剧场的建筑规模、使用标准、演出剧种及技术条件等进行配置和安装。一般情况下，剧场的舞台灯光配备类型包括耳光、面光、脚光、侧光、台口灯光、顶光、天幕灯光和地排灯光、流动灯和效果灯等（见图 5-38）。

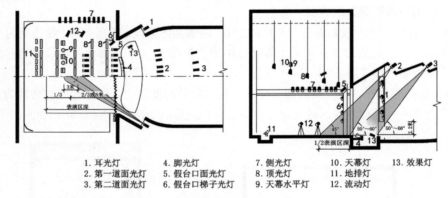

1. 耳光灯　4. 脚光灯　7. 侧光灯　10. 天幕灯　13. 效果灯
2. 第一道面光灯　5. 假台口面光灯　8. 顶光灯　11. 地排灯
3. 第二道面光灯　6. 假台口梯子光灯　9. 天幕水平灯　12. 流动灯

图 5-38　剧场舞台灯光的类型及分布位置图

九、剧场的技术用房面积及要求

（一）灯控室和声控室

剧场空间的灯控室和声控室均应设于观众厅的后部，通过监视窗口应能看到舞台表演区的全部，其使用面积均不应小于 12 平方米。

（二）同声翻译室

剧场空间的同声翻译室宜设在观众厅的周边，每间面积不应小于 5 平方米。

（三）功放室

功放室应远离调光柜室，宜设在靠近主扬声器组的位置。其中，甲级剧场的功放室面积不应小于 12 平方米；乙级剧场不应小于 10 平方米；丙级剧场不应小于 8 平方米。

十、剧场的演员用房面积及要求

剧场的演员用房包括化妆室、服装室、洗手间、浴室等（见图 5-39）。

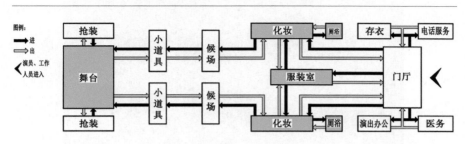

图 5-39 剧场演员的活动路线图

（一）剧场的化妆室面积及要求

化妆室应靠近舞台布置，1 ~ 2 人的小型化妆室，每间使用面积不应小于 12 平方米；4 ~ 6 人的中型化妆室，每人的面积不应小于 4 平方米；10 人以上的大型化妆室，每人的面积不应小于 2.5 平方米。以下为剧场化妆室的几种布置方法（见图 5-40）。

注：1.化妆台　2.沙发　3.衣架　4.洗脸盆　5.衣柜　6.镜子　7.钢琴　8.按摩床

图 5-40 剧场化妆室平面布置参考图

（二）剧场的服装室面积及要求

服装室应按男、女分别设置。甲级剧场不应少于 4 间，面积不应少于 160 平方米；乙级剧场不应少于 3 间，面积不应少于 110 平方米；丙级剧场不应少于 2 间，面积不应少于 64 平方米。

十一、剧场的辅助用房

剧场的辅助用房一般包括排练厅、乐队练习室、绘景间、加工厂，以及餐室等。

十二、剧场空间环境设计实例

中国国家大剧院由歌剧院、剧场、音乐厅和公共大厅及配套用房组成（见图5-41、图5-42）。

图 5-41　中国国家大剧院歌剧院

图 5-42　中国国家大剧院戏剧场

5.4　音乐厅空间环境设计

音乐厅空间一般由音乐大厅和小剧场等组成，并配备各种乐器及专业的音响设备。一座建筑精美、风格独特的音乐厅本身就是一件艺术佳作。

一、音乐厅的分类

音乐厅空间一般可分为多功能音乐厅和交响乐音乐厅两种类型。单就交响乐音乐厅来说，又可按照主要上演的节目分为古典音乐厅、浪漫派音乐厅和现代音乐厅。

二、音乐厅的色彩

在音乐艺术的表演环境中，若能营造出一种适宜的空间色调，将会对音乐的表现效果起到意想不到的烘托作用。人们对声音和色彩的联想，往往都会形成一种声与色的对应关系，如双簧管是绿色的，单簧管是玫瑰色的。人们还会把和弦与光亮度联系起来，如大和弦是明亮的，小和弦是灰暗的。有时，人们也将和弦与动感联系在一起，如增三和弦是深呼吸般的扩张感，而减三和弦是蜷缩的。因此，音乐厅的色彩气氛将会直接影响到听众的主观感受（见图5-43）。

图 5-43　台湾树谷音乐厅的色彩感受

三、音乐厅声学设计要求

音乐厅室内设计应当是建筑、艺术与技术的有机结合。为使声学设计能够达到最佳的清晰度与亲切感，必须在室内环境装饰设计中遵循以下有关要求。

（1）在声学设计上，正方形的平面比长方形更佳，可使声程在长度上更加保持一致，并让混响时间平稳衰减。

（2）音乐厅的坐席地面应恰当地倾斜，以便提供较强的直达声和清晰的瞬间接收效果。

（3）在音乐厅中，舞台上方的反射面设计应让部分声音能够分散到演奏者之中，以使乐队的全体演奏者能够彼此鉴别。

（4）音乐厅顶棚的造型设计，应保证声音向后部传播时能够达到渐次加强的声学效果，分段的表面可促进、有利于背景混响。

（5）音乐厅内的侧墙应具有粗大的造型，或由包厢、柱廊等断开，这对扇形的音乐厅空间更为重要。音乐厅内的后墙和楼座挡板应是吸声和扩散的声学部位，必须防止回声的出现，通常对凹曲面型的墙面吸声要求会更高。

（6）应尽可能把吸声材料均匀地分布到室内周围，有助于形成相同的混响时间。

（7）在音乐厅中，可利用架空式舞台和镶板结构来提供充分的共振效果。

（8）在音乐厅的声学中，应使用可调整的吸声嵌板，以适应听众数量的变化和不同音乐类型的需要。同时，还要考虑到吸声嵌板的设置方式应与音乐厅的整体装饰效果相和谐。

（9）在声学处理时，对于吸声的座椅或不吸声的地面均要充分考虑在内（见图5-44）。

图 5-44　台北音乐厅的座椅和地面处理

（10）在音乐厅室内的装饰材料与构造选择方面，应起到吸音、降噪和避免回声的促进作用。

四、音乐厅空间环境设计实例

中国国家大剧院的音乐厅，以演出大型交响乐、民族乐为主，兼顾其他形式的音乐演出，共设有观众席位 1 859 个（见图 5-45）。

图 5-45　中国国家大剧院音乐厅

美国伊士曼学院的舱口演奏厅，于 2010 年年底建造完成，拥有 222 个观众座位，具有器乐独奏的理想尺寸和一流的音响设备，以及最先进的照明系统，适合进行独奏、爵士和室内乐音乐会等演出（见图 5-46、图 5-47）。

图 5-46　伊士曼音乐学院演奏厅（舞台方向）

图 5-47　伊士曼音乐学院演奏厅（观众席方向）

5.5　俱乐部空间环境设计

一、俱乐部的起源

俱乐部文化起源于 17 世纪的英国，当时的绅士俱乐部源于英国上层社会的一种民间社交场所，这类社交场所一般都有数百年的历史，其内部装饰和陈设也十分考究，通常设有书房、图书馆、茶室、餐厅、娱乐室等，同时还提供银行、保险、联系和洽谈等各项服务。

二、俱乐部的功能

俱乐部一般属封闭式会员制管理，集餐饮、会议、娱乐为一体。目前的俱乐部并非都是高档的消费场所，仍属于正规的社交场合。俱乐部的基本功能一般包括社交、娱乐、心理、力量等四个方面。现对此简要介绍如下。

（一）社交功能

以运动为主要内容的俱乐部本身就具有良好的社交功能。人们在参加团体运动项目时，可直接体验到运动中那种亲密无间的情谊及希望自己拥有一个归属感。

（二）娱乐功能

兴趣相同的娱乐方式是俱乐部成员的一个重要活动内容，可使每一位成员都能深切地感受到参与的乐趣（见图 5-48）。

图 5-48　健身俱乐部运动空间

（三）心理功能

经营成功的俱乐部能够起到满足安全、地位、社交感受等多种心理需求。

（四）力量功能

一个人一旦成为某一俱乐部的成员，就可能树立更强的自信心，感到集体力量的无比强大。

三、俱乐部的种类

俱乐部的经营与定位是有既定的特色和人群。一般可分为球类运动、滑行、修身养生、休闲爱好、文化艺术、棋牌、户外活动、体育竞技、儿童培养等几大类型。现分别简要介绍如下：

（一）球类运动俱乐部

球类运动俱乐部，如乒乓、羽毛球、网球、足球、桌球、保龄球、高尔夫等俱乐部。

（二）滑行俱乐部

滑行俱乐部，如轮滑、滑板、滑冰、滑雪等俱乐部。

（三）修身养生俱乐部

修身养生俱乐部，如太极拳、瑜伽、健美、足疗保健、水疗（SPA）等俱乐部（见图5-49）。

图 5-49　水疗俱乐部空间环境

（四）休闲爱好俱乐部

休闲爱好俱乐部，如 CS、手工 DIY、魔术、垂钓等俱乐部。

（五）文化艺术俱乐部

文化艺术俱乐部，如拉丁舞、交谊舞、书画、摄影等俱乐部。

（六）棋牌俱乐部

棋牌俱乐部，如围棋、象棋、桥牌、麻将等俱乐部。

（七）户外活动俱乐部

户外活动俱乐部，如游艇、帆船、车友、登山、自行车（又称骑行、单车）、狩猎、攀岩等俱乐部。

（八）体育竞技俱乐部

体育竞技俱乐部，如拳击、散打、跆拳道、射击、射箭、击剑、游泳、马术等俱乐部。

（九）儿童培养俱乐部

儿童培养俱乐部，如儿童舞、亲子俱乐部等。

此外，还有一些服务项目及内容具有综合性和多样性的俱乐部，如休闲会所、康体俱乐部、商务会所等。

四、俱乐部空间环境设计的功能定位

明确俱乐部的人群定位，满足功能需求，及合理的空间布局，是俱乐部设计的前期重要内容。

在进行俱乐部室内环境设计时，应由业主方提供设计资料，如经营的方式、特色、项目、内容、功能、面积、设备、器材、数量等方面的要求及建筑图纸等。同时，设计者还必须到现场考察数据和听取业主建议。

俱乐部的功能定位，应根据经营方式、服务对象、经营特色，以及环境条件等来进行分析和选择。现将俱乐部空间中，通常可选择的几类主要功能分别列出，而具体的服务项目还应根据实际需要进行选配，并进行合理的功能布局（见表 5-3）。

表 5-3 俱乐部（会所）功能设定及项目选择参考表

功能分类	功能汇总	功能分类	功能汇总
康体设施	健身房、练舞房、有氧健身房	商务设施	会议厅
	室外、室内游泳池		接待厅
	壁球房、乒乓球房		多功能厅
	篮球场	其他设施	阅览室
	室内攀岩		花店
	儿童游戏室		烟具饰品店
	恒温游泳池		商务中心（订票）
	网球场		生活超市
	桌球室		洗衣房
	棋牌室		美容美发室
	垂钓中心		纪念品馆
餐饮	日式料理	娱乐设施	红酒吧
	经典粤菜		雪茄吧
	宴会厅		音乐休闲吧
	池畔酒吧		VIP影视厅
	咖啡厅		SPA水疗中心
	钢琴酒吧		儿童活动室
	户外烧烤吧		艺术茶道馆
酒店设施	五星级酒店		足疗按摩室
	别墅酒店		桑拿洗浴

五、俱乐部空间环境设计实例

俱乐部的室内环境装饰设计应结合建筑物的外观风貌和服务对象的特定需求，对空间中的各种要素进行综合体现，其目的在于营造一种具有独特文化的休闲娱乐氛围。为此，从设计的角度出发，根据服务对象进行功能设置和设计风格的准确定位就显得尤为重要，这是形成设计方案的出发点和基本要求（见图 5-50 ~ 图 5-52）。

图 5-50 度假休闲会所接待大厅

图 5-51 旅游宾馆健身俱乐部

图 5-52 文化中心亲子俱乐部

5.6 | 网吧空间环境设计

网吧是向成年人开放的进行学习、休闲、娱乐等活动的文化娱乐场所（见图 5-53）。

图 5-53 网吧空间环境

一、网吧的设立及要求

（1）网吧的开办应满足网吧营业场所内计算机设备配置台数的有关规定，以及每台计算机的占地面积均不得少于 3 平方米的营业要求。

（2）网吧必须设置安全疏散通道和安全出口。营业面积在 100 平方米以上的网吧顶棚，必须使用 A 级（不燃性）防火材料；墙面、地面、隔断、窗帘等要求采用 B1 级（阻燃性）防火材料。营业面积在 300 平方米以上的网吧必须安装消防喷淋系统。

二、网吧空间的规模与发展

按网吧中计算机的配置台数来划分，可将网吧分为小型、中型及大型三种规模的网吧，其划分的基本原则如下。

（1）小型网吧的计算机配置台数为少于 100 台；

（2）中型网吧的计算机配置台数应在 100 ~ 350 台；

（3）大型网吧的计算机配置台数为不少于 350 台。

由于互联网访问的需求增加，目前在很多酒店、酒吧、咖啡厅等休闲餐饮场所也开始提供互联网或无线上网的服务，网吧和以往咖啡厅之间的区别也在渐渐消失。特别是在欧洲的一些国家中，由于咖啡厅提供的网络服务与网吧几乎相同，出于行业的竞争与发展，使得经营项目较单一的网吧数量正在逐渐减少。当前，在中国也出现了"网咖式网吧"，即在网吧中设置咖啡吧台，将咖啡销售理念与网吧相结合。

三、网吧空间的功能区设置

网吧空间的功能区主要包括普通区、卡座区、竞技区、体验区、休息区、食品和饮料售卖区、吧台、服务器机房、积分兑换礼品区、洗手间等设置内容。此外，还可根据需要附加其他的服务项目，如手机充电站、网吧代购与代收货服务（如代购机票、火车票，酒店预定和医院挂号，以及邮件代收等）。

四、网吧空间环境设计实例

在进行网吧空间的功能区域划分时，应做到动静分离，过渡有致，以避免不同功能区之间的环境干扰。在网吧空间中，不但要营造出一种舒适、娱乐、休闲的环境气氛，同时还要具有时尚元素的体现，以突出网吧空间的文化氛围 (见图 5-54 ~ 图 5-57)。

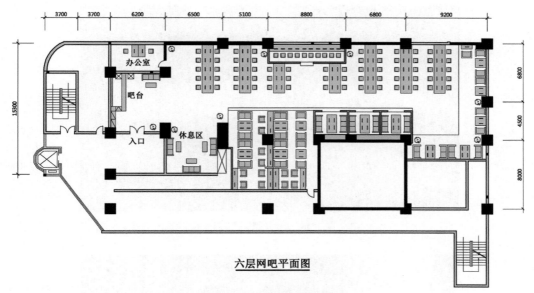

六层网吧平面图

图 5-54 网吧平面布置图之一

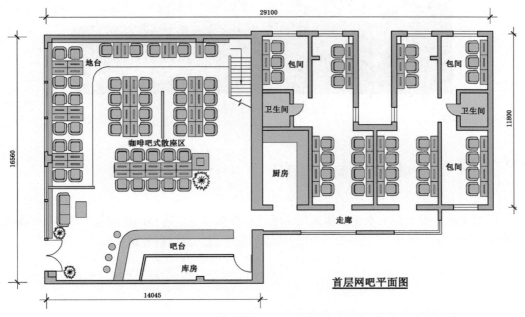

首层网吧平面图

图 5-55 网吧平面布置图之二

图 5-56 小型网吧入口空间

图 5-57 小型网吧内部空间

5.7 棋牌室空间环境设计

棋牌室是一种比较大众化的休闲娱乐场所。在棋牌室中进行的棋牌娱乐项目，一般包括麻将、扑克牌、牌九、百家乐、象棋、围棋、五子棋、黑白棋等娱乐内容。

一、棋牌室的种类

（一）根据棋牌室的存在形式分类

棋牌室可有多种存在形式，如在宾馆、休闲会所、洗浴中心、综合性娱乐中心等设立的棋牌室；也有设立于居住区周边的收费棋牌室；还有设立于某些公司、企业内，为丰富职工业余文化生活的棋牌室等。

（二）根据棋牌室的经营模式分类

通常我们所说的棋牌室主要指营利性的收费棋牌室。棋牌室的经营模式多种多样，若按经营模式不同，可将棋牌室划分为棋牌馆、棋牌社、棋牌会所、棋牌茶艺馆等类型（见图 5-58）。

图 5-58　棋牌室空间

（三）桌游吧

桌游可泛指棋类、牌类、益智游戏类，以及沙盘推演的陆战棋和谈判游戏等娱乐项目。桌游吧也称为桌游俱乐部，是近年来在中国兴起的，以游戏会友、交友的社交娱乐场所。由棋牌室衍生而来的桌游吧也属于棋牌室的范畴。

二、棋牌室空间的功能设置与布局

（一）功能设置

棋牌室的功能设置，主要包括棋牌室入口区、收银台、饮料柜、棋牌活动区、休息室、卫生间等功能区（见图 5-59）。此外，还可设置与棋牌室娱乐活动相关的配套服务，如提供水果、点心、咖啡等售卖区。还可设置超值服务区，如提供免费的甩脂机、小型氧吧、美腿仪、按摩椅等。

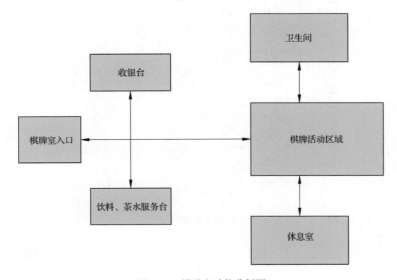

图 5-59　棋牌室功能分析图

（二）棋牌室的功能布局

在棋牌室的功能布局中，一般以一张棋牌桌和四把座椅作为一个基本单元。棋牌室的功能布局形式通常有排档式和包房式两种。当采用包房式布局时，应对各种包房进行等级分类，如是否设立单独的卫生间、供临时休息的床位、舒适的沙发休息区等。

三、棋牌室空间的装饰风格

棋牌室的装饰设计风格通常以中式为主，可根据经营项目、坐落地点和消费群体的需要，来合理选择古典式、现代式、简约式等装饰艺术风格。

四、棋牌室空间的设计要点

（1）在装饰材料的选择方面，应体现出视觉的平静、稳定及舒适的环境感受，避免对客人的思绪产生影响，同时还要使客人的心理需求得到满足。

（2）要注意棋牌室中的座椅布置不宜过于拥挤，以避免造成客人情绪上的压迫感。

（3）在棋牌室的包间设置上，应设有少量的个性化包间，以满足参与棋牌活动客人的不同需要。

（4）在棋牌室内为避免环境干扰，对室内墙体及门扇等必须进行隔音处理。

五、棋牌室空间环境设计实例

棋牌室设计应以创造简洁、宁静、舒适的空间环境为基本前提，在经营模式、消费层次、装饰风格、功能设置等方面，均应根据消费群体的实际需求来准确定位。为便于初学者对棋牌室的环境装饰设计知识更深入地理解，可通过以下实例进行独立分析和思考（见图 5-60～图 5-64）。

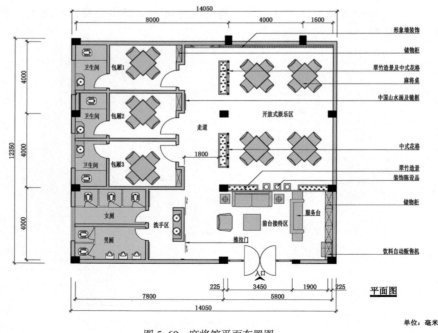

图 5-60　麻将馆平面布置图

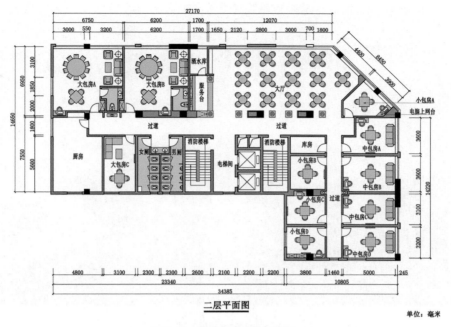

二层平面图

单位：毫米

图 5-61 棋牌茶楼平面布置图

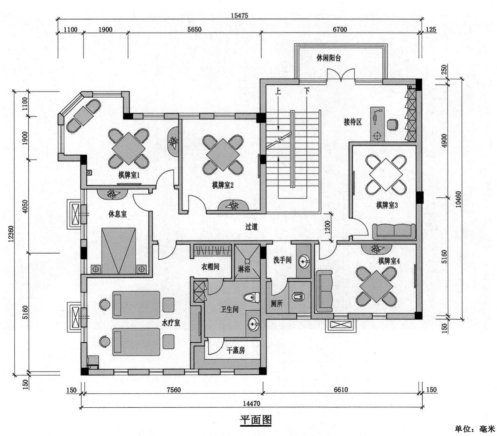

平面图

单位：毫米

图 5-62 棋牌会所平面布置图

图 5-63　麻将会所

图 5-64　桌游吧

思考题与习题

1. 电影院室内空间的基本功能组成包括哪些内容？

2. 解释一下，在观众厅的布局设计中，有关视野、视角、视距的概念。

3. 在观演空间中，观众的视线超高值一般应取值多少？在实际应用时可做怎样的调整？

4. 声学设计中的混响时间是指什么？当混响时间过长或过短时，会对人的听力有何影响？在室内环境装饰设计中，应如何解决混响时间过长或过短的问题？

5. 电影院空间环境装饰设计的声学要求包括哪些方面？

6. 电影放映银幕的画面宽度是如何来计算的？

7. 在电影院的观众厅设计中，电影放映银幕的水平弧度是通过怎样的方法来确定的？

8. 简述电影院空间设计的区域划分及布局要点都包括哪些方面。

9. 现有规划面积为 360 平方米的数字影厅一个，请根据所学知识进行平面布局练习，绘制出该数字影厅的平面布置图，并附加简要设计说明。其中，数字影厅的建筑平面、设计要求及相关数据可自行拟定。

10. 在剧场的室内设计中共由几大功能空间组成？试分别简要说明。

11. 说一说剧场空间中舞台的基本类型及组成。

12. 简要说明音乐厅室内设计的声学要求。

13. 应如何设定俱乐部空间的功能内容？

14. 网吧的功能分区包括哪些内容？

15. 对本地区的网吧空间开展设计调查，并从功能分区和布局形式上进行比较，看看其共同之处和不同点是什么？为何要这样做设计？

16. 简要叙述棋牌室营业空间的功能设置与布局要点包括哪些方面。

17. 对本地区棋牌室的坐落地点、经营模式、消费对象特点、设计风格，以及装饰材料选用等方面开展设计调查，并写出本次调查的收获与体会。

附录
剧场、电影院和多用途厅堂建筑声学设计规范（节选）

1 剧场

1.1 一般要求

1.1.1 以自然声为主的剧场观众厅容量：

（1）话剧场、戏曲剧场不宜超过 100 座；

（2）歌舞剧场不宜超过 1 400 座。

以扩声为主的剧场，则座位数不受此限制。

1.1.2 观众厅的音质，应保证观众席各处有合适的相对强感（强度因子）、早期声场强度、清晰度和丰满度。在演出时观众厅内任何位置上不得出现回声、多重回声、颤动回声、声聚焦和共振等可识别的声缺陷，并不得出现因剧场内设备噪声和外界环境噪声而引起的干扰。

1.1.3 应防止因室内装修而引起的声学缺陷。室内装修还应满足扩声设计对扬声器布置的要求，保证扬声器的透射效果和指向特性不受影响。

1.2 观众厅体型设计

1.2.1 观众厅每座容积宜符合下列规定：

（1）歌剧、舞剧场 4.5 ~ 7.5 立方米 / 座；

（2）话剧及戏曲剧场 4.0 ~ 6.0 立方米 / 座。

注：（1）容积计算以大幕线为界。舞台设有乐罩 容积计算时应包括该部分在内；

　　（2）伸出式和岛式舞台不受此规定的限制。

1.2.2 观众厅的平面和剖面设计，在采用自然声演出时，应使早期反射声声场合理均匀分布。观众厅前中区（大致在 10 排以前）应有足够的早期反射声，它们相对于直达声的初始时间间隙宜小于或等于 35ms，但不应大于 50ms（相当于声程差 17m）。

1.2.3 以自然声演出为主的观众厅设有楼座时，眺台的出挑深度 D 宜小于楼座下开口净高度 H 的 1.2 倍。楼座下吊顶设计宜有利于楼座下部听众席获得早期反射声。

以扩声演出为主的观众厅，眺台出挑深度 D 可放宽至楼座下开口净高度 H 的 1.5 倍，并应使主扬声器的中高频部分能直射至眺台下全部听众席。

1.2.4 眺台或侧面包厢上、下的开口离地高度宜大于 2.8 m。

1.2.5 观众厅的每排座位升高，应使任一听众的双耳充分暴露在直达声范围之内，并不受任何障碍物的遮挡。

以自然声为主的观众厅，每排座位升高应根据视线升高差"C"，值确定，"C"值宜大于或等于12cm。

当采用扩声系统辅助自然声，而扬声器的高度远比自然声源高得多时，每排座位升高可按视线最低要求设计。

1.2.6　剧场作音乐演出不采用扩声时，舞台上宜设置活动声反射板或声反射罩。

1.3　观众厅混响时间

1.3.1　观众厅满场合适棍响时间的选择宜符合下列规定：

（1）在频率为500～1 000Hz时，对不同容积的合适混响时间：歌剧、舞剧剧场宜采用图1.3.1–1所示范围；话剧、戏曲剧场宜采用图1.3.1–2所示范围。

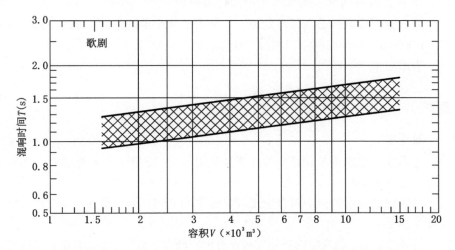

图1.3.1–1　歌剧、舞剧剧场对不同容积V的观众厅，在频率500～1 000Hz时满场的合适馄响时间T的范围

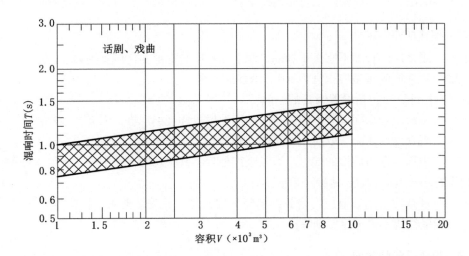

图1.3.1–2　话剧、戏曲剧场对不同容积V的观众厅，在频率500～1 000 Hz时满场的合适混响时间T的范围

（2）混响时间的频率特性，相对于500～1 000Hz的比值宜符合表1.3.1的规定。

表 1.3.1　剧场观众厅各频率混响时间相对于 500 ~ 1 000Hz 的比值

混响时间比值　　　频 率(Hz)	歌 剧	话剧、戏曲
125	1 . 0 ~ 1 . 3	1 . 0 ~ 1 . 2
250	1 . 0 ~ 1 . 15	1 . 0 ~ 1 . 1
2 000	0.9 ~ 1 . 0	0.9 ~ 1 . 0
4 000	0.8 ~ 1 . 0	0.8 ~ 1 . 0

1.3.2　观众厅满场混响时间应分别对 125Hz、250Hz、500Hz、1 000Hz、2 000Hz、4 000 Hz 六个频率进行估算。估算值应取两位有效值。

1.3.3　舞台空间应进行适当吸声处理。大幕下落及常用舞台设置条件下舞台空间的中频（500 ~ 1 000 Hz）混响时间不宜超过观众厅空场混响时间。

1.3.4　乐池应做声学处理。

2　电影院

2.1　一般要求

2.1.1　电影院的建筑声学设计应为电影放声提供合适的观众厅声学条件。本设计规范不包括对还音设备的要求。

2.1.2　电影院观众厅的声学设计应把设置银幕的空间作为一个整体来考虑。电影院观众厅不宜设置楼座。

2.1.3　放映电影时，观众厅内各处应有良好的清晰度，真实还原影片的声音重放效果。

2.1.4　放映电影时，观众厅内任何位置上不得出现回声、多重回声、颤动回声、声聚焦和共振等缺陷，且不应受到电影院内设备噪声、放映机房噪声或外界环境噪声的干扰。

2.2　观众厅体型设计

2.2.1　观众厅的长度不宜大于 30m，观众厅长度与宽度的比例宜为 (1.5 ± 0.2) ： 1。

2.2.2　观众厅的每座容积宜为 6.0 ~ 8.O 立方米 / 座。

注：容积计算时包括设置银幕的空间。

2.2.3　电影院观众厅设计中应防止因侧墙上设置环绕扬声器而引起的颤动回声。

2.2.4　观众厅后墙应采取防止回声的措施。

2.2.5　主扬声器组后面的端墙应做强吸声处理，其平均吸声系数在 125 ~ 4000Hz 频率范围内不宜小于 0.6 ,125Hz 的吸声系数不宜小于 0.4。

2.2.6　观众厅的内装修应考虑扬声器组的安装位置及安装要求。扬声器发声时，扬声器支架及周围结构不得产生振动噪声。

2.3　观众厅混响时间

2.3.1　观众厅满场合适混响时间的选择宜符合下列规定。

（1）在频率为 500 ~ 1000H: 时，宜采用图 2.3.1 所示对不同容积的合适混响时间范围。

（2）观众厅容积小于 500 立方米的立体声电影院，宜采用与 500 立方米相同的合适混响时间范围。

（3）混响时间频率特性，相对于 500 ~ 1 000Hz 的比值宜符合表 2.3.1 的规定。

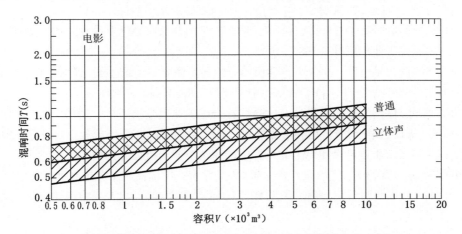

图 2.3.1　电影院对不同容积 V 的观众厅，在 500 ~ 1 000Hz 时满场的合适混响时间 T 的范围

表 2.3.1　电影院观众厅各频率混响时间相对于 500 ~ 1000Hz 的比值

频 率 /Hz	混响时间比值
125	1. 0 ~ 1. 2
250	1. 0 ~ 1. 1
2 000	0.9 ~ 1. 0
4 000	0.8 ~ 1. 0

2.3.2　混响时间应分别对 125Hz、250Hz、500Hz、1000Hz、2000Hz 、4000 Hz 六个频率进行估算。估算值应取两位有效值。

参考文献

[1] 李砚祖 . 设计概论 [M]. 湖北：湖北美术出版社，2004.

[2] 田学哲，郭逊 . 建筑初步 [M]. 北京：中国建筑工业出版社，2010.

[3] [美] 弗郎西斯 •D．K• 钦 . 建筑：形式 • 室内和秩序 [M]. 邹德侬，方千里译 . 北京：中国建筑工业出版社，1985.

[4] 栗亮 . 谈娱乐空间（KTV）声学设计分析与发展 [J]. 山西建筑，2009（10）：49.

[5] 杜异 . 照明系统设计 [M]. 北京：中国建筑工业出版社，1999.

[6] 蒋粤闽 . 休闲娱乐空间设计 [M]. 合肥：合肥工业大学出版社，2010.

[7] [英] 沃森 . 酒吧设计风格 [M]. 陈学文，王玲玲，徐楠楠译 . 高等教育出版社，2007.

[8] 徐家珍 . 商业建筑设计 [M]. 北京：中国建筑工业出版社，1993.

[9] 张绮曼，郑曙旸 . 室内设计资料集 [M]. 北京：中国建筑工业出版社，1993.

[10] [日] 日本照明学会 . 照明手册 [M]. 照明手册翻译组译 . 北京：中国建筑工业出版社，1985.

[11] 李珠，贾如 . 娱乐空间中灯光设计的作用 [J]. 现代装饰理论，2013（6）:38.

[12] [日] 竹谷稔宏 . 餐饮业店铺设计与装修 [M]. 孙逸增，俞浪琼译 . 沈阳：辽宁科学技术出版社，2001.

[13] 文健，陈游 . 室内空间设计 [M]. 北京：清华大学出版社，2008.

[14] 郝大鹏 . 室内设计方法 [M]. 重庆：西南师范大学出版社，2000.

[15] [美] 阿莫斯 • 拉普卜特 . 建成环境的意义 [M]. 黄兰谷译 . 北京：中国建筑工业出版社，1992.

[16] 尼跃红 . 室内设计形式语言 [M]. 北京：高等教育出版社，2003.

[17] 胡绍学 . 文化内涵和艺术品位的探求——清华大学建筑馆设计 [J]. 建筑学报，1995（8）:57.

[18] Richard Weston. Modernism[M]. London： Phaidon Press Limited, 1996.

[19] 许亮，董万里 . 室内环境设计 [M]. 重庆：重庆大学出版社，2003.

[20] 陆震纬，来曾祥 . 室内设计原理 [M]. 北京：中国建筑工业出版社，2004.

[21] 高祥生，韩巍，过伟敏 . 室内设计师手册 [M]. 北京：中国建筑工业出版社，2005.

[22] [日] 日本建筑学会 . 建筑设计资料集成展示 • 娱乐篇 [M]. 重庆大学建筑城规学院译 . 天津：天津大学出版社，2006.

[23] Michael Jenner. New British Architecture in Germany[M] .Munichen prestel,2000.

[24] 刘盛璜 . 人体工程学与室内设计 [M]. 北京：中国建筑工业出版社，2004.

[25] 李永盛，丁洁民 . 建筑装饰工程材料 [M]. 上海：同济大学出版社，1999.

[26] 顾大庆 . 设计与视知觉 [M]. 北京：中国建筑工业出版社，2002.

[27] 田学哲 . 建筑初步 [M]. 北京：中国建筑工业出版社，1999.

[28] [美]J. 特 • 希阿拉，J. 卡伦德 . 建筑师设计手册 [M]. 建设部建筑设计院等译 . 北京：中国建筑工业出版社，1990.

[29] 孙万钢 . 建筑声学设计 [M]. 北京：中国建筑工业出版社，1979.

[30] 缪克赢 . 银幕 [M]. 北京：中国电影出版社，1979.

[31] 中华人民共和国住房和城乡建设部，北京市建筑设计院.无障碍设计规范 GB50763–2012[M].北京：中国建筑工业出版社，2012.

[32] 项端祈.剧场建筑声学设计实践[M].北京：北京大学出版社，1990.

[33] Michael Forsyth .Buildings for Music ,1986.

[34] 中华人民共和国建设部.剧场、电影院和多用途厅堂建筑声学设计规范 GB/T50356–2005[M].北京：北京标准出版社，2005.